AI의 과학적 길라잡이

AI의 과학적 길라잡이

인공지능 시대,
인간의 삶과 기술은 어떻게 진화하는가

성원 · 강현철 · 권영진 · 김경식 · 김현정 · 박선민 · 박현식 · 방인석 · 최예정 · 한유미 지음

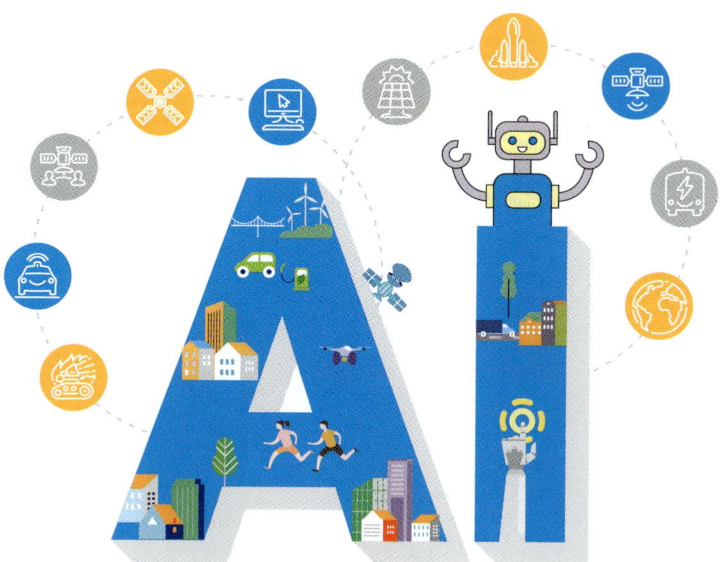

자유아카데미

머리말

인간은 다른 동물과 다르게 도구를 사용함으로써 발전해왔다. 도구의 사용은 편리함을 가져다주었고, 이는 점차 발전하여 과학 문명을 만들게 되었다. 급기야 이제는 제4차 산업혁명 시대에 이르러 인간이 도저히 상상할 수 없었던 인공지능(AI)의 영역까지 도달하게 되었다. 이는 발전이라기보다 혁명이라 불리는 것이 타당할 것이다. 가공의 세계인 미래사회는 더욱 발전할 것이며 이를 위해 인공지능 시대에 살아가는 현대인들에게 과학기술과 인문학적 결합을 통한 인공지능의 이해는 필수적이라고 할 수 있다. 이러한 인공지능의 기본적인 개념을 중심으로 지식, 정보 사회는 더욱 발전할 것이다. 이처럼 현대사회에 중심적 요인이 되는 인공지능을 습득하고 활용하기 위해서는 인문사회학적 소양을 바탕으로 한 과학·기술적 능력을 향상시켜야 한다.

인공지능의 사회학적 이해와 과학적 결합은 새로운 창의적 지평을 열게 해 줄 것이다. 인공지능을 중심으로 한 인문, 사회, 과학, 기술의 융합적 결합은 새로운 사고의 틀을 만들어 나를 깨우치고 사고를 확장하여 주변 환경과 다양한 변화에 대해 유연하고 적절하게 대처할 수 있도록 해 줄 것이다. 인공지능 시대에 맞춰 인간으로서의 가치와 존엄성의 의미, 기능적인 측면에서 인간과 비교되는 인공지능, 전통적인 윤리 패러다임의 변화 등에 대한 논의 역시 활발히 이루어지고 있다. 이 책은 이러한 시대에 맞춰 AI 각 분야의 활용과 전망 등을 학습함으로써 새로운 시대를 준비하는 데 일차적인 목적이 있다고 할 수 있다.

1장에서는 AI의 개념과 AI의 역사적 문명의 발달이 어떻게 형성되었는지를 살펴보고, AI와 로봇의 관계, AI의 다양한 분야 등 AI 시대를 준비하는 새로운 사고 체계에 대해 알아볼 것이다.

2장에서는 AI 시대에 창의성의 개념과 중요성에 대해 살펴본다. 특히, AI 기술이 발달함에 따라 그동안 접하지 못했던 거대한 직업 지형의 변화와 교육 시스템의 문제 및 AI 시대의 도덕적 딜레마와 같은 새로운 문제에 대해서 알아볼 것이다.

3장에서는 AI 시대에 급격하게 성장하는 문화산업의 역사와 의미를 먼저 살펴본다. 그리고 문화산업 전반에 걸쳐서 AI가 활용되는 사례들을 통해 AI가 문화산업의 확장과 발전에 어떻게 기여하는지 살펴볼 것이다. 또한 현재 관광산업에서 AI가 사용되는 사례 소개를 통해 개인 맞춤형 서비스가 얼마나 발전할 수 있는지 보게 될 것이다.

4장에서는 우리 몸의 신경계를 구성하는 세포들의 종류와 그 역할에 대해 알아보고, 전기적 반응으로 인해 축삭을 따라 전도되는 신경세포의 신호전달 방식에 대해 알아본다. 또한 신경계와 뇌의 구성을 자세히 알아보면서 우리 몸의 신경계와 뇌 그리고 AI와의 관계에 대해 생각해 볼 수 있도록 한다.

5장에서는 AI를 꿈꾸며 등장한 컴퓨터의 간단한 역사와 컴퓨터가 AI로 플레이하는 게임콘텐츠에 대해 알아본다. 또한 AI 시대에 들어서면서 게임콘텐츠가 새로운 기술에 적용하고 진화하는 과정에 대해 살펴본다.

6장에서는 애니메이션, 영화와 같은 영상콘텐츠의 개념과 범위 그리고 대중과의 관계에 대해 알아본다. AI 시대에 AR, VR 등의 초감각적 기술과 이를 통해 구현된 영상콘텐츠의 다양한 경향과 흐름에 대해 알아보고, 향후의 발전 방향을 예측해 보고자 한다.

7장에서는 영국의 수학자 앨런 튜링에 대해 집중적으로 살펴보고, 그의 논문과 보고서를 통해 그가 생각한 AI에 대해 알아보고자 한다. 또한 AI 시대에 필요한 수학적 사고란 무엇인지, AI의 이해와 활용에 필요한 수학의 분야가 무엇인지에 대해 살펴본다.

8장에서는 숫자, 문자, 영상, 음성 등의 데이터를 입력값으로 받아들이고, 데이터를 처리하여 출력값으로 내보내는 AI의 정보처리 과정에 대해 알아보고, AI의 학습을 위해 필요한 학습 모델과 학습 알고리즘이 무엇인지를 소개한다. 그리고 학습의 유형으로서 지도학습, 비지도학습, 강화학습의 개념과 실제 사례들을 요약하여 설명한다.

9장에서는 AI 시대에서 식생활 관리를 통해 일반인들이 다양한 질병들을 쉽게 예방할 수 있는 프로그램들에는 어떠한 것들이 있고, 향후에는 어떻게 변할 것인지에 대해 알아본다.

10장에서는 재난 및 화재로부터 국민의 안전성을 확보하기 위한 화재 경계 및 대응 시스템, 소방관의 소방활동 능력향상을 위한 4차산업 융합기술을 살펴보고자 한다.

좋은 책을 위해 최선을 다하였지만 부족한 부분이 있을 수 있다. 이 점은 양해를 바라며 추후 수정사항이 있을 경우에는 자유아카데미 홈페이지(www.freeaca.com) 자료실을 통해 제공할 예정이니 참고하기를 바란다. 끝으로, 이 책을 출간하는 데 도움을 주신 자유아카데미 여러분께 감사의 말씀을 전하며, 아무쪼록 이 책이 AI를 공부하는 많은 이들에게 도움이 되기를 바란다.

2021년 8월

저자 일동

차례

1장

AI, 어디서 왔을까?
그리고 인류는
어디로 가는 걸까?

1. 과학 문명과 인류

1-1 과학 문명과 인간

과학은 기본적으로 다음의 정의에 기초하여 두 가지 정신을 가져야 한다. 첫째, 모든 과학은 사물에 이미 내포된 조물주가 부여한 특성을 찾는 과정이라는 관점에서 학문적 겸손함을 가져야 한다. 둘째, 모든 물질과 요소에 대한 가치를 존중해야 한다. 눈에 보이는 모든 사물과 물질은 인간의 삶에 유용하게 활용될 수 있다는 창조성을 인식해야 한다.

고대 세계의 과학적 위업들은 현대인들의 눈으로도 미스터리로 인식될 정도로 발달되어 있었다. 인류는 각 시대마다 수많은 지식과 기술을 축적하여 후대에 넘겨줌으로써 더 나은 삶에 대한 모색이 가능해졌다. 이집트의 수학과 건축에 관한 지식은 고대 세계의 신비를 더했고, 그리스의 철학과 기술은 다방면에 영향을 주었으며, 이들 두 나라로부터 과학 분야의 이론적 토대를 건설할 수 있었다.

로마 제국은 실용적 문화를 기본으로 다양한 도구와 기구들을 제작하였다. 더 오랜 전성기를 누린 것은 동로마 제국이었으나 중세 중기에 출현한 서유럽 국가들이 르네상스 시대를 열어가면서 과학과 공학의 발전에 새로운 무대를 제공하였다. 특히, 서유럽 국가들은 고대 세계의 이론적 토대에 부가하여 비잔틴 제국의 건축과 문화, 아라비아

* 본 장은 "인공지능과 휴머니즘에 대한 담론(호서대학교 인문사회과학연구소, 2021)"의 일부를 참고하였음.

이슬람인들의 지식 기술, 아시아 중국의 공학적 지식과 발명들을 한껏 이용하여 근대의 전성기를 구가할 수 있는 기반을 조성하였다. 현대에 이르기까지 이 국가들의 선진화된 문명 건설은 각 대륙의 공학적 지식들을 수용·응용·재창조하려는 끊임없는 시도와 노력으로부터 가능하게 된 것이다.

현대의 컴퓨터와 AI의 등장으로 인류의 삶은 획기적으로 변화하였으나 AI에 따른 부작용의 출현과 과거 전통미의 상실 등 부정적인 현상도 동시에 나타나고 있다. 미래의 삶의 진보라는 막연한 환상을 넘어 진정한 인간성의 회복을 위한 과학의 기능도 요구되고 있는 시대이다.

1-2 과학과 인간

15세기 이후 중세 유럽은 도시가 부흥하고 학교 수가 증가하면서 책의 제작과 보급 상황이 크게 변화하였다. 특히, 대학의 등장은 인쇄와 관련된 수많은 직종을 배태시켜 종이 제작자, 필경사, 장식가, 제본공, 판매상 등을 등장시켰다.

중세 말 15세기까지 거의 모든 책은 목판활자를 통해 인쇄되었다. 목판 위에 종이를 놓고 손으로 눌러 인쇄하는 아주 원시적인 방법을 이용하였기 때문에 하루 인쇄 분량이 한정될 수밖에 없었다. 이러한 문제로 쇄도하는 주문량을 맞출 수 없어서 많은 출판공들이 고민하였다. 마인츠에서 태어난 요한 구텐베르크(Johann Gutenberg, 1398~1468)는 1440년경에 기계화된 금속활자를 발명하였다. 납과 안티몬 합금을 이용하여 모양과 크기가 서로 다른 글자를 주조하는 방법이다. 기계 인쇄술의 등장은 엄청난 영향을 끼쳤고, 손으로 쓰던 필사 방식보다 인쇄 속도가 수십 배 빠르게 향상하였다. 구텐베르크의 금속활자로 만든 최초의 책은 1456년 출판된 라틴어 역본의 2백여 권의 성경이었다. 이것은 진정한 의미에서 활판술의 기념비적 결과물이었다. 처음에는 그의 기술이 비밀에 부쳐졌으나 이내 곧 유럽에 퍼지게 되었다.

1517년 마르틴 루터(Martin Luther, 1483~1546)는 독일 비텐베르크 성채 교회에 95개 조항의 면죄부 반박문을 붙이면서 중세의 부패한 교회에 대항하는 종교개혁을 시작하였다. 이내 곧 그는 개신교회를 탄생시키는 혁명적 운동의 선구자가 되었다. 그의 저술은 금속활자를 통해 수십만 부가 인쇄되어 사실상 글을 아는 전 유럽 사람들에게 퍼져나갔다. 구텐베르크의 금속활자가 없었더라면 개혁 사상이 급속히 전파되지 못했을 것이기 때문에 종교개혁의 양상이 전혀 달라졌을 것이다. 루터는 성경을 읽기 쉬운 독일어로 번역하였고, 영국의 개혁가 윌리엄 틴들(William Tyndale, 1494~1536)은 영어로 번역하였다. 당대 모든 이들이 평생에 반드시 읽고 싶어 했던 성경은 수백만 부로 인쇄되어 유럽에 보급되었다. 성경뿐 아니라 대학의 많은 지식 서적들 또한 대량으로 출판되어 대중에 보급되었다. 공학의 발전이 종교개혁과 르네상스의 중요한 매개가 되었다.

출판 속도만 빨라진 것이 아니라 책값도 현저하게 내려갔다. 인쇄기를 통해 제작된 책은 수작업 필사본으로 만드는 것보다 비교할 수 없을 정도로 적은 비용이 들어갔다. 양이나 염소로부터 제공되는 재료가 그만큼 덜 필요하게 되었고, 수작업 또한 덜 필요했기 때문이다. 이로써 많은 사람들이 더 싸게 책을 살 수 있게 됨에 따라 유럽의 문맹률을 현저하게 낮추고 지식을 크게 향상시켰다. 유럽의 세계적 발달은 바로 이러한 공학적 발명에 기인하였다. 사실 이때부터 유럽은 아시아의 중국, 중동의 이슬람을 넘는 기술적 진보를 보이기 시작하였다. 금속활자 인쇄술 장인들은 오래전부터 중국산 종이와 금속활자의 절묘한 조화에 대해 잘 알고 있었다. 종이와 금속활자가 만나면서 인쇄 서체에도 변화가 발생하였다. 각진 글씨의 고딕 서체뿐만 아니라 아름답고 우아한 이탤릭체 등의 다양한 서체가 나타났다. 이는 곧 인쇄 서체의 표준화로 지식을 공유할 수 있게 되었고, 세계 문명의 급속한 발전을 이룰 수 있게 된 것이다. 출판의 영역에서도 동서양의 만남이 본격화되었다.

르네상스와 종교개혁 시대에 중세적 전체주의적 세계관에 도전하며 근대과학의 문을 연 사람은 갈릴레오 갈릴레이(Galileo Galilei, 1564~1642)였다. 하늘과 바다 또는 하늘과 바다와 땅이 서로 결합되어 있는 베네치아의 환경이 갈릴레오에게 우주를 관측하는 창의성을 갖게 하였다. 이미 백 년 전에 작은 물체를 크게 확대하는 안경이나 돋보기는 발명되어 있었지만, 배율이 작은 돋보기들을 결합함으로써 더 큰 배율을 얻을 수 있다는 창의적인 생각을 한 사람이 바로 갈릴레오였다. 그는 대물렌즈로 가장 약한 배율의 볼록 렌즈를 사용하였고, 이 렌즈와 강한 배율의 오목 렌즈를 조합하여 무려 여섯 배의 배율을 얻을 수 있었다. 그의 망원경은 바로 이러한 원리로 만들어졌다. 즉, 천체공학의 문을 연 것이다.

유리 세공으로 유명한 베네치아의 가공 기술은 갈릴레오가 원하는 렌즈를 충분히 만들 수 있었다. 베네치아의 성 마르코 광장에 세워진 100m 높이의 종탑에 원로원 의원들과 함께 올라간 갈릴레오는 망원경을 통해 32km 떨어져 있는 파두아 성당을 불과 3.5km 앞에 있는 것처럼 보이게 하였다. 천문학과 물리학에 혁명적 영향을 끼친 망원경이 탄생한 것이다. 그의 천체에 대한 관찰은 천동설에 매달린 중세의 세계관에 도전하여 태양의 둘레를 지구가 돈다고 했던 코페르니쿠스의 지동설을 지지하게 하였다. 창조의 중심에 지구가 있다고 믿었고, 지구는 최고의 피조물인 인간을 상징하며 태양은 인간을 위한 부속 피조물로 간주하였던 중세의 교황청은 갈릴레오의 발견을 받아들일 수 없었다. 충실한 신앙인이었던 갈릴레오는 오히려 태양이 하나님을 상징하고 지구는 인간을 상징하므로 지구가 태양을 도는 것이 더 성서적이라고 믿었던 코페르니쿠스의 종교관을 과학으로 증명하였다. 사실 교황청과 갈릴레오의 대결은 단순히 종교와 과학의 대결이 아니었다. 이는 고대과학과 근대과학의 대결이었을 뿐만 아니라 구(old) 성서적 세계관과 신(new) 성서적 세계관의 충돌이기도 하였다.

1-3 산업혁명 이후의 공학

19세기 이후 공학은 분화하기 시작하였다. 즉, 전문화의 시대를 맞이한 것이다. 기계공학에서 토목공학이라는 분야가 나누어졌고 프랑스에 토목학교도 세워졌다. 계획도시들의 출현은 급속한 공학적 발전과 위업을 이룰 수 있게 하였다. 고속도로망이 세워지고 상·하수도와 위생시설이 만들어졌다. 잉글랜드와 스코틀랜드에서는 기계공학이 발전하였다.

토머스 뉴커먼(Thomas Newcomen, 1663~1729)은 1712년에 최초의 증기기관을 만들어 이를 상용화시켰다. '뉴커먼 기관'은 탄광이나 공장에서 많이 사용되었다. 제임스 와트(James Watt, 1736~1819)는 1765년에 응축기를 분리하는 아이디어를 통해 뉴커먼 기관을 개선하였다. 이 특허와 연관되어 18세기 후반부터 기술 개발과 함께 수많은 과학적 발명품들이 등장하였다. 아놀드 토인비(Arnold J. Toynbee, 1889~1975)가 명명한 이른바 '산업혁명'의 시대가 열린 것이다. 수공업에서 기계공업으로, 소규모 생산에서 대규모 생산으로, 국내에서 국제적으로 상업과 무역의 규모가 변화하였다.

1825년 증기기관차의 등장은 주요 도시와 마을을 연결하여 영국과 세계의 상업적 발달을 촉진시켰다. 인간의 이동성 발명품들이 하나씩 등장함에 따라 국가와 민족 간 거리를 최대한 단축할 수 있었고, 자연스럽게 섬유공업, 중공업, 화학공업 등이 번창하였다. 1800년 알렉산드로 볼타(Alessandro Volta, 1745~1827)가 개발한 최초의 전지 이후 1872년 그람 발전기에 이르기까지 전동 분야의 발달은 전자공학의 전문화를 가속화하였다. 이는 20세기에 이르러 진공관의 발명과 함께 컴퓨터가 등장할 수 있게 하였다. 이외에도 근대에는 사진기, 전화기, 축음기와 전구, 무선 통신, 텔레비전 등이 발명되어 세계적 변화를 이루었다. 또한, 비행기에서부터 나일론, 전자레인지에 이르기까지 다양한 물품과 기구 등이 출현하여 인류 문명의 발전에 기여하였다. 모든 발명 중에서도 가장 큰 변화를 가져온 20세기의 발명은 바로 컴퓨터라고 할 수 있다.

1946년 펜실베이니아 대학에서 최초의 전자식 수치적분 계산기 컴퓨터 에니악(ENIAC)이 출현하였다. 이후 진공관을 대신한 트랜지스터의 개발과 프로그램 언어 개발 등이 어우러져 개량된 전산기기가 출현하게 되었다. 그 후 반도체의 집적회로 기술이 발전하여 고밀도

그림 1.1_ 최초의 전자식 수치적분 계산기 에니악(ENIAC)
자료: Wikipedia, U.S. Army Photo

저장장치가 발명되고 수십만 개의 트랜지스터를 포함한 컴퓨터가 등장하였다.

1993년에는 50대의 서버가 정보를 제공하였지만, 이듬해엔 1만여 대, 2004년에는 3천 5백만 대의 서버가 정보를 제공할 정도로 네트워크가 급발전하였다. 이를 통해 일어난 변화는 간략하게 기술하는 것이 불가능할 정도이다. 한마디로 새로운 세계의 등장이라고 볼 수 있다. 컴퓨터는 고대 라틴어 com(함께)과 putare(생각하다)의 합성어이다. 단순한 계산기의 기능을 넘어 인간 사고와 생활의 중심에 컴퓨터가 있기 때문에 기계와 장치들만의 관계가 아닌 인간과 함께 생각하는 필수 도구가 되었다.

컴퓨터 없이 수행했던 과제나 편지 보내기 등의 일들이 이제는 컴퓨터 없이 수행하기는 어려운 일들이 되었다. 이전의 컴퓨터가 내부의 기기들이 함께(com) 작용하여 생각하는(putare) 단계였다면, 현재의 컴퓨터는 인간과 함께(com) 사고하는(putare) 단계까지 이르렀다. 그리고 앞으로는 인간의 사고 단계를 넘어 수많은 컴퓨터 기기들이 자신들끼리만(com) 판단하는(putare) 사회가 올 것이다. 즉, 모든 분야에서 인간이 최종 결정자가 아니라 컴퓨터가 판단하는 것을 따르는 세상이 이미 다가오고 있으며, 이는 곧 컴퓨터에 의해 통제되는 사회로 이어질 수도 있다. 터미네이터나 매트릭스 같은 영화들의 이야기가 현재로서는 과장된 이야기로 인식될 수 있으나 미래에는 실제화할 가능성이 짙다.[1]

2. 인공지능의 개념

인간의 지능을 컴퓨터가 모방할 수 있도록 하는 것을 인공지능이라 한다. 즉, 인간의 지능이 수행하는 사고·학습·모방·자기 계발 등의 활동을 컴퓨터도 수행할 수 있도록 연구하는 컴퓨터공학 및 정보기술 분야를 말한다. 인공지능은 1959년에 MIT AI 연구소를 설립한 존 매카시(John McCarthy, 1927~2011)와 마빈 민스키(Marvin Minsky, 1927~2016), 카네기멜론 대학에 인공지능 연구소를 만든 앨런 뉴얼(Allen Newell, 1927~1992)과 허버트 사이먼(Herbert A. Simon, 1916~2001)과 같은 개척자들에 의해 1950년도에 실험학문으로 시작

1 인공지능, 손에 잡히는 IT 시사용어, 한국정보통신기술협회, 2008.2.1.

표1-1_ 진화 단계에 따른 인공지능의 종류

종류	특징
약한 인공지능 (Weak AI)	■ 스스로 사고하여 문제를 해결할 수 있는 능력이 없는 컴퓨터 기반의 AI를 말한다. ■ 구글의 AlphaGo, IBM의 Watson 등과 같이 지능적인 행동을 수행한다.
강한 인공지능 (Strong AI)	■ 스스로 사고하여 문제를 해결할 수 있는 능력이 있는 컴퓨터 기반의 AI를 말한다. ■ 스스로를 인식할 수 있고, 지각력과 독립성을 갖추었다.
초인공지능 (Super AI)	■ 인간보다 1,000배 이상의 뛰어난 지능을 가진 AI를 말한다. ■ 효율성, 자기보존, 자원획득, 창의성 등의 원초적인 욕구를 바탕으로 끊임없이 자가발전을 수행한다.

자료: 김대식의 인간 vs 기계, 김대식, 동아시아, 2016.

되었다.

인간을 완벽하게 모방하기 위해 인간의 마음을 복잡한 정보처리로 구현한 것을 '강한 인공지능(Strong AI)'이라 하고, 단순히 인간의 능력 일부를 시뮬레이션하거나 유용한 작업을 수행하는 도구로서 구현한 것을 '약한 인공지능(Weak AI)'이라 한다. 이는 1980년에 존 설(John R. Searle) 교수가 최초로 사용한 개념이다.

그는 인간의 마음에 대해 마치 컴퓨터 소프트웨어를 구현하는 것처럼 인간의 내면을 연구하는 것을 '강한 인공지능 연구'라고 하였고, 반대로 인간의 마음이 아닌 단지 유용한 도구로서의 개발을 위해 연구하는 것를 '약한 인공지능 연구'라고 정의하였다. 이는 과학과 문명의 발달로 정의한 개념과 달리 철학적 관점에서 인간의 마음을 컴퓨터나 소프트웨어와 같이 보는 연구를 비판하였다.[2]

3. 인공지능과 로봇

인공지능은 어떤 정보를 받아 해석하여 결과를 출력하는 등의 정보 처리 자원이다. 어떤 입력을 어떻게 처리하였을 때, 어떤 결과가 나오는지, 어떤 의미가 있는지, 얼마나 정확한지, 얼마나 우수한지 등의 사안이 가장 중요한 문제이다. 반면, 로봇공학은 순수하게 기계적인 부분에 초점을 맞춰서 어떤 구동기를 사용할지, 어떤 방식으로 로봇의 신체를 용도에 맞게 만들지, 어떤 부위의 구동기를 어떻게 제어하여 물리적으로 실존하는 기계시스템을 빠르고 정확하게 운영하는지, 그래서 어떤 기계적인 성과를 거두는지가 중요한 문제이다.

인공지능이라 하면 보통 로봇을 생각하는데, 인공지능과 로봇은 관련이 있기도 하지만 같은 개념이 아니다. 인공지능은 정보를 받아 자율적으로 학습하여 인간이 원하는 유익한 정보를 산출하는 시스템이지만, 로봇은 제어장치가 달린 기계이다. 제어장치란 디지털 논리 구조를 입력하여 그 명령대로만 작동하게 하는 것이다. 예를 들어, 청소로봇은 자율로봇이 아니라 논리회로가 입력된 반복적인 행위를 수행하는 기계이다. 즉, 논리회로에 의해 작동하는 자동화 장치이다.

간혹 인공지능과 로봇을 혼동·혼용하는 사람들이 있는데, 이는 따로 두고 생각해야 한다. 인공지능이라는 분야가 대중들과 가까워진 시기가 상당히 최근의 일이고, 미디어에서 보여주는 로봇의 대부분이 당연한 듯이 자칭 인공지능 기술을 탑재한 경우가 많지만, 이 둘은 애

2 [인공지능의 분류] 강한 인공지능과 약한 인공지능, https://samstory.coolschool.co.kr/zone/story/modi/streams/75955.

초부터 추구하는 목적 자체가 다른 분야이다.

인공지능을 예로 들어보자. 어떤 대상을 예측하기 위한 인공지능이 있다면 그 대상을 얼마나 정확하게 예측하는지가 중요한 이슈일 것이며, 주어진 정보를 토대로 지지대나 철봉 따위의 기구를 자동 설계하는 인공지능이 있다면 어느 정도의 최소 비용으로 최대 내구력을 얻을 수 있을지가 중요한 이슈일 것이다. 이렇게 인공지능은 정보로 시작해서 정보로 끝나는 분야이므로 로봇 등의 기계적인 요소와는 거의 무관하다고 볼 수 있다.

이번에는 로봇공학의 예를 살펴보자. 팔에 모터가 달린 인간형 로봇이 있다고 가정하자. 이 로봇의 팔이 정상적으로 작동하기 위해서는 모터와 모터를 움직이기 위한 동력을 효율적으로 제어하여 가능한 한 정확하고 빠르게 일정 범위의 각도로 팔을 움직일 수 있어야 한다. 사람이야 오랜 기간 진화를 이루어 손쉽게 팔을 움직일 수 있지만, 어떤 기계를 물리적으로 원하는 대로 움직이는 것은 독자들이 상상하는 것 이상으로 상당한 난이도가 있는 공학 기술이다. 특히, 관절이 여러 개로 이루어진 복잡한 구조의 로봇들은 신속하고 정확하게 원하는 대로 움직이는 것 자체가 매우 고도의 기술이 필요하다. 전기나 유압 등의 에너지를 적재적소에 정확한 양으로 공급하거나 빼야 하고, 기계를 움직이는 경로에 사소한 장애물이 있을 수도 있다. 또한, 그 기계가 물건을 들거나 내려놓는 등의 상황에는 같은 동작을 하더라도 순간순간 필요한 힘이 수시로 바뀌기 때문이다. 이런 수많은 변수를 예측하고 무마해서 기계를 원하는 대로 동작을 시키는 것과 할 수 있게 만드는 것은 결코 만만한 일이 아니다.

로봇공학처럼 서보(Servo) 제어 영역으로 들어가게 되면 응답속도도 매우 중요해지는데, 이 응답속도가 밀리초(ms)~마이크로초(μs)의 영역이어서 무엇을 판단하고 다음 행동을 결정할 시간조차도 없다. 사람으로 예를 들면 발에 돌이 걸려 넘어질 때 자기도 모르게 땅에 팔을 짚게 되는데, 이런 동작을 일일이 생각을 거쳐서 하려면 뭘 해보기도 전에 땅에 코를 박게 될 것이다.

정리하면, 복잡한 정보와 대량의 데이터를 토대로 새로운 정보를 창출하는 일과 어떤 복잡한 기계 체계를 컴퓨터를 이용하여 고도의 자동화 알고리즘으로 구현하는 것은 전혀 다른 문제라는 것이다. 몸을 원하는 대로 움직이는 것은 지능이 있어야 하는 문제라기보다는 기계적인 문제에 가까우므로 사람에게도 매우 힘든 일이다. 팔과 다리를 유연하게 움직일 수 있는 것도 각 부위에 있는 수십~수백 개의 크고 작은 근육들이 정교하게 협동함으로써 가능한 것인데, 이렇게 복잡한 신체를 별달리 의식하지 않고 쉽게 움직일 수 있는 이유는 신체제어 능력만 전담하여 자동으로 처리하는 소뇌가 있기 때문이다. 사람의 뇌조차도 대뇌가 감당하기 힘들어서 신체제어를 전문적으로 하는 부위가 따로 있는데 하물며 기계는 어떻겠는가? 이제 왜 두 분야가 별도로 분리가 되어있는지 이해가 될 것이다.

즉, 알파고처럼 컴퓨터에서만 돌아가는 인공지능도 존재하고 단순 알고리즘과 제어 프로그램을 통해 움직이는 협업 로봇이 존재하듯이 이들은 서로 긴밀하게 묶여있는 분야가 아닌 상호보완의 관계이다.[3]

3 인공지능과 제4차 산업혁명의 함의, 원동규, 이상필, 대한산업공학회, ie 매거진 제23권 2호, 2016.

4. 인공지능의 역사

인공지능의 역사는 20세기 초반보다 더 이른 17~18세기부터 시작되었다. 하지만 이 시기에는 인공지능 그 자체의 개념보다 뇌와 마음

표 1.2 _ 인공지능의 역사

시기	내용
1943년	워렌 맥컬록과 월터 피츠가 전기 스위치처럼 켜고 끄는 기초기능의 인공신경을 그물망의 형태로 연결하면 사람의 뇌에서 일어나는 아주 간단한 기능을 흉내낼 수 있다는 것을 증명하였다.
1950년	앨런 튜링이 기계가 인간과 얼마나 비슷하게 대화할 수 있는지를 판별하는 튜링 테스트를 제안하였다.
1956년	다트머스 회의에서 인공지능이라는 용어를 처음으로 사용하였다.
1958년	프랭크 로젠블랫이 뇌신경을 모사한 인공신경 뉴런 '퍼셉트론'을 제시하였다.
1970년대	AI 연구가 기대했던 결과를 보여주지 못하자 대규모 투자가 중단되어 AI 연구의 암흑기가 도래하였다.
1980년대	전문가들의 지식과 경험을 데이터베이스화하여 의사결정 과정을 프로그래밍한 '전문가시스템'을 도입하였지만, 관리의 비효율성과 유지·보수의 어려움으로 한계를 맞이하였다.
1997년	IBM의 딥블루가 체스 챔피언과의 체스 대결에서 승리하였다.
2006년	토론토 대학교의 제프리 힌턴 교수가 딥러닝 알고리즘을 발표하였다.
2012년	국제 이미지 인식 경진대회인 '이미지넷'에서 딥러닝을 활용한 팀이 우승하여 획기적인 전환점을 맞이하였다.
2014년	구글이 딥마인드를 인수하였다.
2016년	구글이 인수한 딥마인드의 알파고가 한국의 바둑기사 이세돌에게 4:1로 승리하였다.

자료: AI 활용 어디까지 왔나, 주간경향, 2019.4.29.

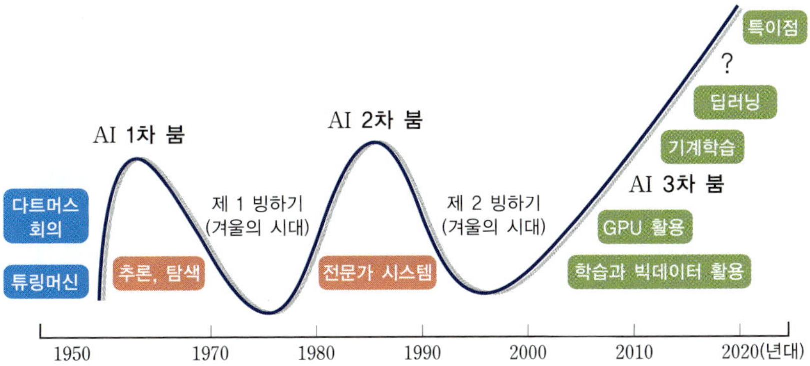

그림 1.2_ 인공지능의 발전 역사

의 관계에 대한 철학적인 논쟁 수준에서만 머무르고 있었다. 시간이 흘러 20세기 중반부터 컴퓨터의 발달 혁신이 본격적으로 시작하면서 "컴퓨터로 인간의 뇌를 구현하면 인간이 하는 일을 수행할 수 있지 않을까?"라는 의견이 제시되었고, 빠른 속도로 인공지능은 학문의 영역으로 들어서기 시작하였다.

그 후, 20세기 중반부터는 자연어 처리나 복잡한 수학 문제 풀이 등 인간만이 수행할 수 있는 영역의 문제들도 컴퓨터로 해결할 수 있도록 혁신적인 연구를 시작하였다. AI 산업은 이미 1980년도에 10억 달러 규모의 거대한 분야로 과거에 실용화되었지만, 당시 정보처리 능력의 한계와 정보량의 부족으로 투자가 중단되었다. 과거 1970년대에 단일 계층 신경망의 한계로 인한 '1차 AI 위기(First AI Winter)'로 주춤했던 AI 연구의 위기는 1974년도에 제시된 역전파 알고리즘과 전문가시스템의 성장, 1980년도에 신경망 이론에 대한 연구가 다시 시작되고 많은 연구가 이루어지면서 다시 활발해지는가 하였지만, 여전히 성장이 지지부진하여 큰 실망을 안겨주어 '2차 AI 위기(Second AI

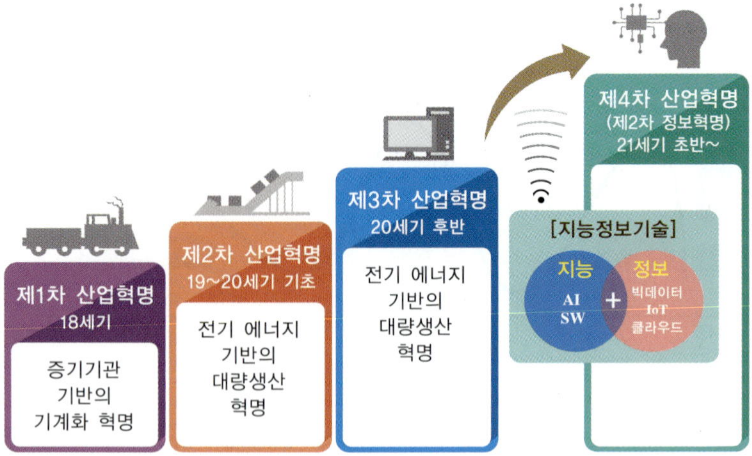

그림 1.3_ 산업혁명의 변화

Winter)'를 맞이하였다.[4]

최근 마케팅 분야에 AI의 도입으로 신뢰도가 많이 상승하였지만, 현재의 AI는 강 인공지능이 아닌 데이터와 환경에 기반한 약 인공지능에 불과하다. 학습시키는 데 많은 데이터가 필요하여 비용이 많이 들 뿐만 아니라 산출되는 결과 또한 데이터에 기반한 결과만 나오지 데이터를 뛰어넘는 일반 지성이 발생하지 않는다. 따라서 더 좋은 결과가 필요할 때는 비용을 더 들여서 새로운 데이터를 재학습시켜야 한다.

AI는 입력된 많은 데이터를 이용하여 빠르고 정확하게 행동할 수 있지만, 이는 지성에 기반한 행동이 아니다. 현재 AI는 데이터와 환경의 지속적인 입력을 통해 최대 약 인공지능의 단계까지 구현할 수 있는 정도이며, 단순 반복 및 계산 작업이 아닌 이상은 아직도 사람이

4 인공지능의 역사, 박소영, 2017. 인간, 환경, 미래 제22호.

작업하는 것이 더 효율적인 경우가 많다. AI의 학습에 가장 중요한 요소인 데이터는 그 자체가 돈이며, 약 인공지능은 마치 자동차의 휘발유와 같이 계속해서 데이터를 인공지능에 공급해 주어야 한다. 만약이 상황에서 또다시 AI 위기(AI Winter)가 다가온다면, AI의 발전은 앞으로 30년 정도 더 정체될 것이다.

인간 사회는 3차 산업혁명을 통해 정보화라는 새로운 프레임으로 변모하였다. 여기서 놀라운 것은 1차부터 3차 산업혁명까지 전개되는 시간의 간격이 갈수록 급격히 줄어들었다는 점이다. 1차 산업혁명이 시작된 이후 불과 200여 년 만에 3차 산업혁명까지 이루어짐으로써 7만 년 동안 격변하지 않은 채 진행되어 온 인간의 역사와 완전히 다른 양상을 보였다. 현재 우리가 경험하고 있는 4차 산업혁명은 이전까지의 산업혁명보다 더 큰 변화를 불러올 것이다.

5. 인공지능 분야

인공지능 분야에서 '기계 학습', '인공신경망', '심층 학습' 등의 용어를 들어보았을 것이다. 이번 절에서는 이러한 인공지능 분야의 용어들에 대해 간단히 알아보자.

먼저 기계 학습(Machine Learning)은 통계적인 접근 방법을 통해 입력받은 정보를 활용하여 스스로 학습하는 것을 말한다. 다음으로 인공신경망(Artificial Neural Network)은 생물의 중추신경계, 특히 인간의 뇌 신경 구조에 영감을 받아 만든 기계 학습 모델이다. 마지막으로 심층학습(Deep Learning)은 인공신경망에서 발전한 형태로 뇌의 신경망과 유사한 정보의 입출력 계층을 활용하여 데이터를 학습한다. 즉, 단일 층이 아닌 실제 뇌처럼 여러 계층으로 구성된 것이다.

인공지능은 그 자체로 존재하는 것이 아니라 컴퓨터 과학 분야와 다른 여러 분야가 직간접적으로 많은 관련이 있는 기술이다. 특히, 현대에는 정보기술을 이용하는 다양한 분야에서 인공지능 기술을 도입하여 그 분야의 문제해결에 활용하려는 시도가 매우 활발하게 이루어지고 있다.

① 자연어 처리(natural language processing) 분야에서는 이미 자동번역과 같은 시스템을 실용화하였고, 특히 연구가 더 진행될수록 사람이 컴퓨터와 대화하며 정보를 교환할 수 있게 됨에 따라 컴퓨터 사용에 혁신적인 변화가 오게 될 것이다.

② 전문가시스템(expert system) 분야에서는 컴퓨터가 현재 인간이 수행하고 있는 여러 가지 전문적인 작업(의사의 진단, 광물의 매장량 평가, 화합물의 구조 추정, 손해 배상 보험료의 판정 등)을 대신할 수 있도록 하는 것이다. 여러 분야 가운데서도 가장 먼저 발전하였다.

③ 문자·이미지·영상 인식 분야에서는 컴퓨터가 카메라 등의 촬영기기를 통해 입력받은 데이터를 분석하여 그것이 무엇인지를 분석한다. 이러한 영상 및 음성 인식 기술은 문자 인식, 로봇공학 등에 핵심적인 기술이다.

④ 이론증명(theorem proving)은 수학적인 정리를 이미 알려진 사실로부터 논리적으로 추론하여 증명하는 과정으로서 인공지능의 여러 분야에서 사용되는 필수적인 기술이며, 그 자체로도 많은 가치를 지니고 있다.

⑤ 신경망(neural net)은 비교적 근래에 등장한 것으로서 수학적 논리학이 아닌, 인간의 두뇌를 모방하여 수많은 간단한 처리기들의 네트워크로 구성된 신경망 구조를 상정하는 것이다.

6. 인공지능과 노동

경제학자 타일러 코웬(Tyler Cowen)은 "평균의 시대는 끝났다(AVERAGE IS OVER)."라는 말을 하며 현대 사회의 가장 큰 화두를 '양극화'와 '4차 산업혁명(AI)' 두 가지로 설명하면서 이를 엮은 미래상을 제시하였다. 4차 산업혁명 시대에는 1% 대 99%로 나뉘는 극단적 양극화가 나타날 것이다. 즉, '평균'으로 대변되는 중간층이 사라진 양극화가 진행된다. 기계 지능이 대체할 수 있는 평범한 능력자들을 위한 일자리가 사라지고, 기계 지능을 활용하여 노동의 가치를 증가시키는 사람은 고소득자의 반열로 올라설 것이다. 반면, 그렇지 못한 사람들은 빈곤층으로 떨어질 것이다.[5]

산업혁명 초창기에는 기존의 노동자들이 기계가 자신들의 일자리를

5 4차 산업혁명 강력한 인간의 시대, 타일러 코웬, 신승미 역, 2017.

빼앗는다면서 기계를 부수고 저항하였지만, 결과적으로 기계가 노동자들의 영역을 침범하는 것을 막지는 못하였다. 산업혁명 이후 마부의 일자리는 소멸하였지만, 반대로 자동차 관련 산업의 일자리는 폭증하였다. 결과적으로 운송 분야의 일자리 총량이 증가한 것이다.

초지능의 등장에서 중요한 것은 인간의 일자리를 부분적으로 대체하는 수준의 자동화가 실제 일자리 총량에 어떤 영향을 미치느냐다. 우리는 경제가 지금과 같은 형태로 존속한다는 전제를 깔고 있다는 인식으로의 해석을 하지만 다르게 바라볼 수도 있다. 만약 강 인공지능이 등장하면서 지금의 일자리 대부분을 대체할 수 있게 된다면, 사실 지금과 같은 경쟁적 자본주의 체제를 유지할 이유가 없다. 인류가 노동에서 해방될지도 모르는 일이다.

현대인들의 취미인 비디오 게임이나 온라인 게임 역시 컴퓨터와 AI를 적절히 활용한 예이다. 사람들에게 즐거운 유희의 도구를 제공하는 것은 물론이고, 엄청난 부가가치를 창출하는 산업으로 성장하였다. 불과 반세기 전만 해도 현재의 게임 산업 규모는 상상도 할 수 없었다. 컴퓨터와 AI를 활용하여 컴퓨터 게임이라는 희대의 도구를 만들었고, 이를 통해 게임 산업이라는 새로운 시장이 형성되어 수많은 게임회사와 게임 관련 일자리를 만들어내었다.

인공지능이 발전한다면 향후 미래에는 새로운 분야의 시장이 형성되어 사람들에게 재미를 제공할지도 모른다. 기계와 컴퓨터가 등장했을 때, 인간이 기계와 컴퓨터에 종속될 우려를 하는 사람들이 많았으나 현재는 오히려 삶이 더 풍요로워진 것은 기계와 컴퓨터의 목적 자체가 인간의 더 나은 삶을 위해 개발한 것이기 때문이다. 부작용이 나타나기도 하였지만, 부작용들을 통제하는 법이나 제도 역시 함께 발전하면서 이러한 문제를 비교적 잘 통제하여 인간의 삶에 더 유용하도록 잘 활용하고, 앞으로도 그러할 것이다.

산업혁명 이후에 수많은 기계가 발명되었고, 기계가 처음 등장하였을 때 노동자들은 일자리를 빼앗는다면서 기계를 파괴하는 것으로 대응하였다. 컴퓨터의 등장과 급속한 발전도 수많은 전문가와 미디어에서 노동자들의 대량실직과 컴퓨터에 대한 종속을 우려하는 반응을 쏟아내었다. 이제 AI의 등장이다. 기존의 기계나 컴퓨터는 부분적으로 인간의 손길이 필요한 도구의 연장선에 불과하였지만, 고도화된 인공지능은 인간의 손길 없이도 스스로 생각하고 행동하는 지성체나 마찬가지인 존재여서 인간이 제대로 통제할 수 있을지 우려하는 목소리가 크다.

7. 인공지능은 어디로 나아가는가?

문명은 태초부터 주로 노동의 개념을 중심으로 형성되었다. 미래의 노동에 대해 대다수 사람의 의견이 일치하는 영역이 있는데, 제조와 서비스 제공 과정에 있어서 기계가 인간 노동을 대체하는 새로운 시대가 시작된다는 것이다. 노동에 토대를 두지 않는 사회는 우리가 알고 있는 사회 조직의 원리와는 너무나 판이하기 때문에 우리는 사회 계약의 기본 토대에 대해 재고해야만 하는 시점에 처해 있다. 우리는 역사상 유례없는 거대한 사회변혁을 초래하는 강력한 신기술 혁명 속으로 휩쓸려 들어가고 있다.

우리 앞에 놓인 세계가 유토피아인지 아닌지는 정보화 시대의 생산성 향상분이 어떻게 분배되는가에 따라 크게 좌우된다. 생산성 향상분의 공정한 분배를 위해서는 전 세계적인 노동 시간 단축이 필요하고, 시장 부문에서 축출된 사람들에게 제3부문(사회적 경제)의 일자리를 제공하기 위한 정부의 노력이 필요하다. 산업혁명의 기술들은 그 약속을 속 시원하게 공개하지 못하였다. 인공지능이 투자를 대신하고 자동차를 대신 운행한다면 인간의 삶은 크게 바뀔 것이다. 그 바뀐 세상에서 인간은 무엇을 하며 살아갈 것인가? 인간의 존엄과 생명의 중요성은 여전히 강조되지만, 동시에 강조되는 것은 인간의 무능력이다.

기술의 발전을 날씨의 변화처럼 받아들이는 것은 근대 이후 발전해 온 현대 기술의 패러다임이 자연을 지배하는 것에서 점차 벗어나고 있다는 것을 보여준다. 이를 '자연 상태로의 전환'이라 한다. 이는 기술을 자연의 일부처럼 받아들이고, 인간은 그 상황에 적응해야 하는 존재로 이해하는 것이다. 오늘날 미래의 기술 천국에 대한 오랜 역사의 유토피아가 눈앞에 다가오고 있다. 정보통신 혁명의 기술은 다가오는 세기에 있어서 오랫동안 예견되었던 꿈인 노동자가 거의 없는 세계를 보여준다.

기술의 열매인 유토피아의 꿈에 한 걸음 더 가깝게 보이면 보일수록 미래에는 더욱더 많은 결함 사회(디스토피아)가 나타날 것이다. 이는 일자리를 잃어 가는 수백만의 노동자들에게 추가적인 여가를 만들어 주는 것을 생각하지 않고, 시장의 힘이 계속해서 생산과 이윤만을 창출하기 때문이다. 오늘날 우리는 수많은 신기술의 경이로움과 마력을 목격하고 있다. 우리는 근대적 기술이 우리를 해방해줄 것이라고 믿도록 유도되었다. 수많은 사람이 더 나은 내일의 희망을 컴퓨터 혁명의 해방적 잠재력에 기대하고 있다. 그러나 대다수 노동자의 경제적 운명은 기술적 풍요의 와중에서도 계속 악화될 것이다.

22세기까지는 지적 기술이 상업적 영역의 인간 노동을 많이 대체하게 되고 이에 따라 대부분의 사람은 문화적 영역에 속하는 직업을 가지기 위해 교육과 훈련을 받아야 한다고 예상해 볼 수 있다. 결국, 노동은 기계가 하게 될 것이다. 노동은 단지 효용을 생산하는 데 관한 것이다. 반면, 사람들은 내재적인 가치를 창출하고 공유된 사회 공동체 의식을 재활성화하기 위해 노동으로부터 해방되어야 한다. 이에 따라 다가오는 세기에 인류를 위한 위대한 도약을 꿈꾸고 있는 시민사회에서 사회적 자산을 만들어내기 위한 중요한 공헌을 할 수 있다. 지금 요구되는 것은 이러한 궁극적인 인간의 여행을 시작하기 위한 의지와 결단력이다.[6]

인류문명의 큰 맥락에서 볼 때 환경과 자연 파괴 문제는 인류가 대처해야 할 가장 급하고 근본적인 문제이며 자연과 인간의 관계 및 인간이 추구해야 할 가치에 대한 철학적 사유의 혁명적 전환이 없이는 불가능하다. 그 사유의 시작은 인간은 결코 지구와 우주의 주인이 아니고 공존해야 할 일부일 뿐이다.

6 노동의 종말, 제러미 리프킨, 이명호 역, 2005.

활동 1

|1| 과학 문명은 왜 발전하였는가?

|2| 인공지능의 발전은 인류의 필요에 의한 발전이었는가?

|3| 미래의 인류는 어떤 문명사회를 만나게 될 것인가?

1장 참고문헌

- 인공지능과 휴머니즘에 대한 담론, AI와 인간사회 제2권 1호, 호서대학교 인문사회과학연구소, 2021.
- 노년공학 개발론, 박현식 외, 2016.
- 인공지능, 손에 잡히는 IT 시사용어, 한국정보통신기술협회, 2008.02.01.
- [인공지능의 분류] 강한 인공지능과 약한 인공지능, https://samstory.coolschool.co.kr/zone/story/modi/streams/75955.
- 김대식의 인간 vs 기계, 김대식, 동아시아, 2016.
- 인공지능과 제4차 산업혁명의 함의, 원동규·이상필, 대한산업공학회, ie 매거진 제23권 2호, 2016.
- AI 활용 어디까지 왔나, 주간경향, 2019.4.29.
- 인공지능의 역사, 박소영, 2017. 인간, 환경, 미래 제22호.
- 4차 산업혁명 강력한 인간의 시대, 타일러 코웬, 신승미 역, 2017.
- 노동의 종말, 제러미 리프킨, 이명호 역, 2005.
- 인공지능, 두산백과, https://www.doopedia.co.kr/search/encyber/new_totalSearch.jsp
- 인공지능, 나무위키, https://namu.wiki/w/%EC%9D%B8%EA%B3%B5%EC%A7%80%EB%8A%A5

2장

AI 시대의 창의성 교육

1. AI 시대와 창의성

1-1 AI 시대 창의성의 필요성

AI를 핵심으로 한 제4차 산업혁명은 미래 산업과 사회를 혁신적으로 변화시킬 것으로 예견하고 있다.[1] 예를 들어, 아마존 물류센터의 로봇 '키바(KIVA)'와 같이 지금도 AI가 많은 일자리를 대체하고 있다. 물론 지금까지의 산업혁명에서도 없어지는 일자리가 있었지만, 그만큼 새로운 일자리가 재창출되었다. 그러나 4차 산업혁명 이후에는 이전과는 다르게 일자리가 상당히 감소할 것으로 전망하고 있다. 그 이유는 무엇일까?

지금까지의 산업혁명은 기계가 인간의 일을 대체했어도 인간의 능력 중 일부분에 불과하였다(예를 들어, 공장의 자동화 시스템, 은행의 현금자동입출금기(ATM) 등). 인간에게는 좀 더 복잡한 '지적 능력'의 영역이 남아 있었으므로 기계가 못하는 일을 할 수 있었다. 하지만 앞으로는 AI가 인간의 '더 많은 반복적인 일'에 더해서 인간의 '지적인 능력'까지 대체할 것이므로 인간만이 할 수 있는 일이 점점 더 사라지게 되는 것이다. 특히, 법원의 서기나 번역, 식당의 접시 닦기, 은행의 지폐 세기 등 창의성이 요구되지 않는 일을 AI가 대신 수행하면서 사라질 확률이 높다. 반면 스티브 잡스의 아이폰, 픽사의 애니메이션, 디즈니의 마블시네마틱 유니버스, 봉준호 감독의 기생충, 투바앤의

1 The Aims of Education in the Era of AI(21세기 인공지능시대에서의 교육의 목적), 이상욱, 고영미, 2017.

라바 등 사람들의 창의적인 능력이나 기술이 비즈니스에서 큰 수익을 올리는 요소로서 가치가 입증되고 있다.

이처럼 AI 시대에 적응하기 위해서는 AI는 할 수 없지만 인간은 할 수 있는 능력, 즉 창의성에 집중해야 한다. AI도 창의성에 대해 말은 할 수 있지만, 진정한 창의성은 인간만이 발휘할 수 있는 영역이다. 인간의 뇌는 정보 조직, 분해, 해석 능력이 매우 복잡하고 예측할 수 없어 AI로 구현하기 어렵다. 미국 위스콘신 대학 연구에 따르면, 로봇의 사고기반인 컴퓨터 연산능력은 제한된 메모리와 한정된 시간이라는 물리적 시스템을 뛰어넘을 수 없고 궁극적으로 인간과 유사한 '통합적 사고'로 이어지지 못한다.[2]

뇌과학적 관점에서도 좌뇌가 담당하는 논리적이고 분석적인 사고는 AI가 인간보다 훨씬 뛰어나므로 논리 기반의 반복적인 일은 AI가 담당하게 될 것으로 본다. 그러나 우뇌가 담당하는 상상력과 공감, 직관적인 사고는 AI가 인간을 대체하기 어렵기 때문에 창의성을 비롯한 우뇌의 역량을 길러야 다가오는 AI 시대를 대비할 수 있을 것이다.

AI 기술이 득세하는 새로운 시대에 창의성의 중요성은 더욱 중요해질 것이다. 특히, AI 기술이 발달함에 따라 그동안 접하지 못했던 거대한 직업 지형의 변화와 교육 시스템의 문제 및 AI 로봇 시대에 등장할 도덕적 딜레마와 같은 새로운 문제에 맞서 학생들이 창의적 문제해결력을 갖추는 것은 더없이 중요한 일이다.[3] AI 시대의 핵심 역량인

---

2 하버드에도 없는 AI시대 최고의 학습법, 박병기, 김미영, 나미현, 2021.

3 융합형 CT-FL 수업 모형 기반 초등 인공지능 융합 교육 지도의 실제, 구재훈, 김태영, 2020.

창의성을 길러주기 위해서는 무엇보다도 교사 자신이 창의적인 교사가 되어 아동에게 역할 모델이 되어야 한다. 이에 AI 시대에 변화되는 교사의 역할을 살펴보고, 창의성의 개념 및 유형을 소개한 후 창의성을 증진하는 기회를 제공하고자 한다.

2. AI 시대의 교사

2-1 교육용 로봇의 도입 실태

AI 시대에 교사라는 직업은 안전할까? 일본에서는 이미 AI 로봇이 초등학교 영어 말하기 교사로 일하고 있으며, 뉴질랜드에서는 AI 로봇인 'Amy'가 고등학생들에게 수학을 가르치고, 중국의 대학에는 AI 교수가 대거 등장할 전망이다.

우리나라에서도 이미 2009년 11월 AI의 영향을 받기 가장 어렵다고 여겨지는 유아교육 분야에 로봇 기반 교육(Robot-based learning, 이하 R-러닝으로 줄임)이 공표되었다. 당시 '유아교육 선진화 추진계획'의 하나로 교육과학부에서 인증한 유진로봇의 '아이로비큐(iRobiQ)'와 다사로봇의 '제니보(Genibo)' 두 로봇 플랫폼이 전국 유치원에 보급되었다. 아이로비큐는 교육 기능을 갖춘 지능형 인간 로봇이며, 제니보는 교육 기능을 갖춘 강아지 형태의 지능형 로봇이다. 이외에도 올레닷컴에서 제작한 '키봇2(Kibot2)'가 새로운 R-러닝 로봇 플랫폼으로 인증받아 각 플랫폼의 특성에 따라 유아교육 현장에서 다양한 접근이 가능해졌다.[4]

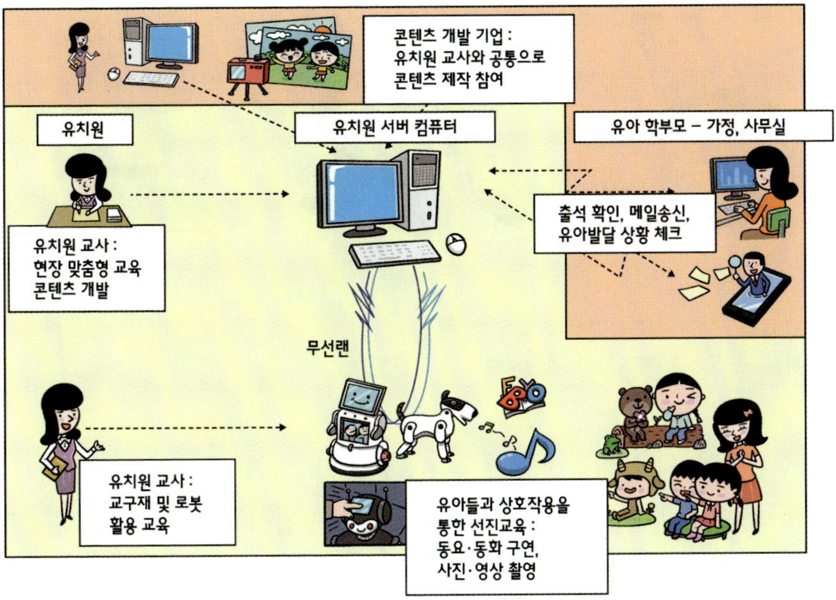

그림 2.1_ R-러닝 시스템의 개요

R-러닝 시스템은 교사를 중심으로 로봇, 콘텐츠 및 정보기술(IT) 융합기술 등이 통합된 쌍방향 체험형 교육 시스템이다. 로봇의 주요 역할은 유치원 교사를 대신하여 출·결석을 확인하고, 동화를 구연하거나 음악을 들려주거나 영어 단어 등을 읽어주는 등의 일을 수행한다.

로봇은 이러한 보조교사의 역할뿐 아니라 유아를 위한 국정 교육과정 주제별 콘텐츠가 구성되어 있어서 교수 매체로 사용할 수도 있으며, 유아의 일과 관리가 쉽다는 장점이 있다. 유아가 스스로 로봇 콘텐츠를 선택하여 사용할 수도 있으며, 매체의 접근성이 빨라 구석구석 찾아다니며 놀이할 수 있다. 특히, 또래와 어울리지 못하거나 전학

4 유치원의 로봇 활용 현황 및 수업 운영 실태, 이연승, 강민정, 박선미, 2013.

아이로비큐(iRobiQ) 제니보 키봇2

그림 2.2_ R-러닝 교육용 로봇
자료: 유진로봇, 다사로봇, 올레닷컴

을 온 유아의 유치원 적응에도 도움을 주며, 특수 유아의 언어학습 지원과 함께 개별놀이 시간을 갖게 해주는 장점이 있다. 이외에도 로봇에는 유아 개인의 교육 활동 저장 또는 사진이나 동영상으로 촬영하여 부모들에게 전달하는 콘텐츠가 내장되어 부모의 참여도를 높여줄 수 있다.[5]

하지만 교육 현장에서는 막대한 예산을 투자한 교육용 로봇의 활용도가 낮다는 비판도 있었다. 로봇의 활용도는 기관마다 편차가 컸으며, 일부 교사는 로봇의 작동법을 모르거나 로봇이 교육용으로 실효성을 거둘 수 없다고 하였다. 그래서 로봇을 교육용으로 사용하지 않고 전시용으로 보관하거나 심지어는 구석에 처박혀 있는 경우도 있었다. 로봇이 고장나거나 파손되는 경우도 종종 있었는데, 특히 아이로비큐는 무겁고 이동이 어려워서 고장이 발생하면 AS가 쉽지 않다는 점으로 사용을 기피하고 있었다. 반면, 제니보는 가격이 상대적으로 저렴하며(약 200만 원), 이동이 편리하고 보관이 간단하다는 장점으

5 R-러닝 교육용 로봇 제대로 활용되나, 경남도민신문, 2014.

로 활용도가 다소 높은 경향이 있었다.[6]

2-2 인간 교사와 인공지능 교사

로봇이 인간을 대체하는 경우는 3D(기피) 업종처럼 인간이 피하는 일, 인간보다 로봇의 수행이 뛰어난 일, 인간이 수행할 수 없는 기능·서비스를 제공하는 일, 로봇을 사용함으로써 조직이나 집단이 진보하는 일, 인간이 하는 것보다 비용면에서 효과적인 일 등이 있다.

이때 교육 영역에서 로봇이 활용되는 예로는 로봇이 인간 교사보다 더 잘 가르치는 경우와 인간 교사가 수행할 수 없는 기능·서비스를 제공하는 경우 두 가지가 있다. 로봇이 인간 교사보다 더 잘 가르칠 때는 AI 교사와 인간 교사의 교육 성취 관련 연구나 데이터가 아직 부족하고 논란의 여지가 있어서 일반화하기에는 무리가 있다. 따라서 로봇을 활용한 교육은 대개 로봇이 인간이 제공해 줄 수 없는 어떤 기능을 제공할 때 이루어지며, 실제로 물리적·기계적 개념의 학습이나 악기 연주와 같은 기술적 측면의 경우 정확한 반복 수행에 유리한 로봇에 강점이 있다고 할 수 있다.[7] AI 교사가 대체할 수 있는 인간 교사의 역할을 수업, 지식 제공, 평가, 상담 등 네 가지 영역으로 나누어 각각의 이점을 정리하면 다음 [표 2.1]과 같다.

AI 교사가 인간 교사를 대체할 것으로 전망하고 있지만, 이는 성급하고 위험한 발상일 수 있다. AI는 학습된 정보와 설계된 알고리즘에

6 한유미, 오연주, 지혜영, 2021.

7 인공지능 기술과 인공지능 교사에 대한 인식 분석, 박종향, 신나민, 2017.

표 2.1_ 인공지능 교사의 장점

교육 영역	교사의 역할	AI 교사의 장점
수업	학습 조력 학습 지도	▪ 개별화된 학습상황 제공 ▪ 개인 속도에 맞춘 학습 ▪ 자기조절학습 기여 ▪ 다양한 학습상황 제공
지식 제공	지식 자원 학습 과정 설계	▪ 딥러닝을 통한 다양한 지식 산출 ▪ 지식의 불평등 해소
평가	평가자	▪ 다양한 평가 방법 활용 ▪ 개인별 평가를 바탕으로 한 피드백
상담	훈육 및 불안 제거 상담 및 치유 생활 지도	▪ 특정 목표지향 상담(우울증, 자살 예방) ▪ 개인별 맞춤 상담 ▪ 사회성 개발

자료: 인공지능의 시대, 교육의 변화와 방향에 따른 학교체육의 과제, 박민영, 엄우섭, 2020.

의해서만 동작하기 때문이다. 그렇다고 인간이 기계보다 우위에 있다는 것도 아니다. AI 교사나 인간 교사 모두 완벽하지는 않기 때문에 상호 협력을 통해 상생을 모색하는 것이 바람직하다.[8] 예를 들어, AI 교사는 인간 교사의 역할 중에서 맞춤식 교과 내용 전달과 교사 행정 업무 지원에 활용하고, 인간 교사는 인간이 더 잘할 수 있는 것(공감, 영감, 동기부여)에 더 집중할 수 있다. 또한, 교육을 더 효율적으로 할 수 있는데, 필요한 데이터를 AI 교사가 제공해 주기 때문에 교사는 더 많은 시간을 학생들의 진도와 장기 목표를 관리하는 것에 사용할 수 있게 된다. 이처럼 AI 교사와의 협업은 교사가 더 효율적으로 일할 수

8 인공지능도 교사도 만능은 아니다…"상호 협력 상생 필요", 에듀인뉴스, 2020.7.20.

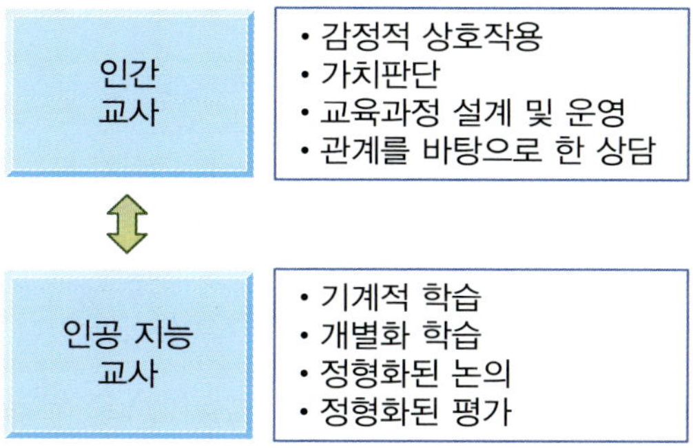

그림 2.3_ AI 교사와 인간 교사 간의 상호 협력

있다는 것을 의미하기도 한다.

AI 기술의 발전에도 불구하고 변하지 않을 인간 본연의 가치는 공감, 관계성, 가치 판단이다.[9] 공감을 통해 서로를 이해하고 이를 바탕으로 관계를 맺고, 옳고 그른 것에 대한 기준은 교사와 학생, 학생과 학생 간의 직접적인 상호작용과 소통을 통해서만이 바르게 발달할 수 있다. 따라서 교육이 고도화될수록 교사와 학생 간의 관계는 상호작용과 소통의 기회 측면에서 더 중요해질 것이다.[10] 이러한 인간 본연의 가치를 명확히 인식하고 교육에서도 인간 교사와 AI 교사의 협업을 바탕으로 한 공존 방안을 찾아야 할 것이다.

9 김홍겸 외, 2018.

10 Guliherme, 2017.

3. AI와 창의성 유형

인간과 AI를 구분하는 유일한 성역으로 여겨지던 창의성 분야에도 최근 AI가 등장하고 있다. 영상, 음악, 미술, 문학 등 다양한 분야에서 AI의 창작 가능성을 보여주는 시도들이 이루어지고 있다. AI가 인간의 창작 영역을 모방하기 가장 쉬운 분야는 음악으로 알려져 있다. 스페인의 말라가 대학(Universidad de Málaga)에서는 악기의 종류와 곡의 길이만 입력하면 스스로 곡을 만들어주는 '이아무스(Iamus)'라는 AI를 개발하였는데, 사람이 작곡한 곡과 함께 들려주는 실험을 한 결과 음악전문가를 비롯한 청중 250명이 AI와 인간의 작곡을 구별하는 것에 실패하였다.

데이터를 바탕으로 패턴화를 수행하는 AI가 인간의 창의성을 모사하고 있는 이러한 사례들은 인간의 창의성이 무엇인지에 대한 고민을 던져준다. 그러나 창의성이 발현되는 과정과 창의성의 층위를 이해하면 이러한 우려는 한층 줄어들 수 있다.[11] 이에 AI 철학과 창의성에 대해 연구해 온 보덴(Margaret Boden)이 AI 개념을 활용하여 구분한 세 가지 유형의 창의성을 살펴보자.[12]

첫째, 조합적 창의성(combinatorial creativity)은 친숙한 아이디어들을 결합하여 새로운 아이디어를 만드는 것이다. 이러한 결합은 고심 끝에 이루어질 수도 있고 무의식적으로 이루어질 수도 있다. 그러나 간혹 두 아이디어가 처음에는 무작위적으로 결합하였을지라도 서

11 장필성, 2017.

12 Boden, 1998, 2004.

로 연관성이 있어야 조합적 창의성은 가치가 있다. 시(詩)적 이미지나 콜라주 중에 조합적 창의성이 많이 나타나며, 개념 구조가 유사한 두 개의 아이디어(예를 들어, 태양계와 원자)를 결합하는 유추(analogy)도 조합적 창의성의 예로 볼 수 있다. 조합적 창의성은 다양한 영역에서 생산적 방식으로 활용되고 있다. 이러한 아이디어의 결합이 때로는 놀라운 가치를 만들어 내기도 하지만, 일반적으로 다른 유형의 창의성과 비교하여 질이 낮은 것으로 평가된다.

탐구적 창의성(exploratory creativity)과 변혁적 창의성(transformational creativity)은 서로 밀접한 연관이 있으며, 조합적 창의성과는 뚜렷한 차이를 갖고 있다. 이 두 창의성을 설명하기 위해서는 '개념 공간(conceptual Space)'이라는 개념을 이해할 필요가 있다. 개념 공간은 그 안에서 행해질 수 있는 것과 행해질 수 없는 것을 결정하는 규칙들에 따라 규제되는 사고의 영역을 말한다.[13] 탐구적 창의성은 개념 공간 안에서 규칙을 지키면서 새로운 아이디어를 산출하는 것이다. 예를 들어, 작곡할 때 화음 규칙을 지키는 것처럼 정해진 범주(특정 개념 공간) 안에서 창의적 활동을 하는 경우이다. 탐구적 창의성은 새롭고도 예상하지 못했던 구조(아이디어)를 도출하기도 하지만, 규범적인 사고 스타일에 부합되는 경우가 대부분이다.

변혁적 창의성은 개념 공간을 구성하는 가정을 바꾸어 새로운 개념 공간을 여는 것을 말한다. 즉, 하나 또는 그 이상의 규칙 변환을 포함함으로써 이전에는 발생하지 않았던 새로운 구조를 생성하는 것이다. 조성에 충실했던 바흐의 작곡이 탐구적 창의성의 사례라면, 조성을 해

13 이영의, 2016.

체하려 한 쇤베르크의 사례가 변형적 창의성의 사례라고 할 수 있다.

대부분의 과학자나 예술가들은 탐구적 창의성으로 존경을 받는다. 즉, 그들은 그들의 문화적으로 수용되는 사고 스타일을 물려받아서 그 내용이나 경계 및 잠재력을 탐구하기 위해 그것을 검색하고 조금씩 수정한다. 그러나 때때로 인간은 새로운 차원을 추가하거나 기존의 차원 중 하나(또는 그 이상)를 교체 또는 제거함으로써 원래의 개념 공간을 변환하기도 한다. 이러한 변환을 통해 이전에는 불가능했던 아이디어를 생성할 수 있다. 변환과 변환되는 차원이 더 근본적일수록 새로 나타나는 개념 공간의 구조는 더욱 달라질 것이다. 반면에 변환이 너무 극단적이면, 이전 공간과 새 공간이 관계가 없는 것으로 인식될 수 있다. 이러한 경우에는 새로운 구조를 이해하기가 어려워져서 거부당할 가능성이 있다. 12음기법의 창시자로서 음악에 혁명을 가져 왔지만, 당시에는 대중들에게 혹평을 받았던 쇤베르크처럼 변형적 창의성은 매우 급진적이기 때문에 동시대 사람들에게 거부감을 일으킬 수 있다. 두 공간 사이의 관계가 인식되고 일반적으로 받아들여지기까지는 시간이 걸릴 수 있다.

AI는 방대한 데이터를 바탕으로 패턴을 추출하며, 그 패턴이 유효한 범위 내에서 변형된 결과물을 산출할 수 있다. 그러나 데이터 패턴의 연장선이 아닌 그 이상의 창의성을 발현하기는 어렵다. 이는 AI가 조합적 창의성과 일부 탐구적 창의성의 발현은 가능하지만, 기존 규칙을 허물거나 새로운 규칙을 만드는 변혁적 창의성의 발현은 어렵다는 것을 의미한다.

문제의 인식 없이는 새로운 지식이 나오지 않는다. 이때 문제 공간의 인식은 온전히 사람이 맡게 될 고유한 영역으로 남을 것이다. 문제

인식은 가치판단과 함께하기 때문이다.[14] 심지어 가장 저급한 창의성 유형으로 평가되는 조합적 창의성마저 인간보다 AI가 유리할지도 의문이다. 물론 AI에게는 두 가지 아이디어(두 개의 데이터 구조)를 골라서 나란히 놓는 것보다 간단한 것은 없다. 따라서 조합적 창의성은 AI가 모사하기 쉬워 보일 수 있다. 그러나 조합적 창의성이라고 해서 무작위적으로 결합하는 것은 아니다. 어떤 식으로든 흥미롭고, 생각을 자극하기 때문에 우리가 중요하게 여기는 연결 고리가 있어야 한다.[15]

4. AI 시대의 핵심 역량인 창의성 증진하기

4-1 연상법

연상이란 인접한 사물들 사이에서 하나의 심상이 관련된 다른 심상을 불러일으키는 것을 말한다. 연상법(Association)은 창의성의 근원을 상상력으로 보고 상상력의 원천을 연상력으로 보는 견해로 유연한 사고로 상상력을 기르는 방법이다. 연상법에는 자유연상법과 통제연상법이 있다.

① 자유연상법

자유연상법(Free association)은 아이디어 생성기법의 기초적인 방

14 장필성, 2017.

15 Boden, 2004.

법의 하나이다. 아이디어를 생성하기 위해 두 개의 대상을 강제로 연결하지 않고, 자유로이 상상의 나래를 펼치면 된다. 즉, 어떤 단서, 대상, 주제, 상황을 제시하여 문득 떠오르는 아이디어들을 포착 및 제시하는 방법이다. 예를 들어, '원숭이 엉덩이'라고 하면 '빨갛다'가 떠오르고, '빨갛다'라고 하면 '사과'가 떠오르는 것들 등이다. 사물이나 문제를 언어적으로만 바라보는 것이 아니라 형태(형, 색, 입체)나 소리, 몸동작 등을 제시하고 연상되는 것들을 찾게 할 수도 있다.

② 통제연상법

통제 연상법(Regular association)은 자유연상법에서 어느 정도 제한된 조건을 두고 연상을 유도하는 방법이다. 예를 들면, 옛날 TV 프로그램 '쿵쿵따'와 같이 어떤 단서에 이어질 다음의 발상들이 앞의 단서와 계속성, 상대성, 유사성, 인과성 등이 있는 것들로 한정해서 발상하도록 하는 것이다.

활동 1

| 1 | 다음 자유연상법 예시를 보고, 나만의 자유연상법을 완성하시오.

예	인공지능 → 터미네이터 → 공상과학 → 아바타 → 외계인

인공지능 →

| 2 | 다음 통제연상법 예시를 보고, 나만의 통제연상법을 완성하시오.

초성으로 연상하기

ㅂㄷㅇㅌ → 빅데이터
ㅇㄱㅈㄴ →
ㅇㅌㄴ →
ㅅㅁㅌㅍ →

같은 글자로 끝나는 단어

'공'자로 끝나는 말은?
인공,

끝말잇기

인공지능 → 능력개발 →

앞말잇기

인공지능 → 한국인 → 유통기한 →

삼행시 짓기

정 →
보 →
화 →

4-2 브레인스토밍과 변형 기법

① 브레인스토밍

브레인스토밍(Brainstorming)의 기본 가정은 문제 해결을 위해서는 혼자만의 구상보다는 여러 사람이 함께하는 것이 효과적이고, 각자의 의견을 자유롭게 말하는 가운데 독창적인 아이디어가 튀어나온다는 것이다. 브레인스토밍할 때는 시간제한이 없지만 대개 1시간 정도 진행할 수 있으며, 브레인스토밍에 대한 사전경험 여부나 주제, 연령 등에 따라 적절히 조절할 수 있다. 진행 절차 및 방법은 다음과 같다.

1) 집단 구성

12명 이내의 소집단이 좋으며 사회자와 기록자를 뽑는다. 참여자의 수를 홀수로 하면 브레인스토밍이 끝난 후 아이디어를 평가할 때, 찬성과 반대의 수가 같지 않도록 할 수 있다.

2) 사전연습

브레인스토밍의 4S 원칙을 설명하고, 연습 문제를 통해 기법을 익힌다.

3) 아이디어 산출

사회자는 문제를 진술하고, 자유로운 분위기에서 가능한 한 많은 아이디어를 제시할 수 있도록 진행한다.

표 2.2_ 브레인스토밍의 4S 원칙

원칙	내용
비판금지 (Support)	다른 사람이 내놓은 아이디어를 절대로 평가, 비판, 간섭하지 않는다.
자유분방 (Silly)	어떤 생각이든 자유롭게 표현하고, 엉뚱해 보이는 생각이라도 수용해야 한다.
질보다 양 (Speed)	질보다는 양에 관심을 가지고 무조건 많이 내려고 노력한다. 많은 양의 아이디어 속에서 질 높은 아이디어가 나올 수 있기 때문이다.
결합과 개선 (Synergy)	다른 사람의 아이디어와 결합하거나 수정, 추가, 모방, 개선해서 제3의 아이디어를 만든다.

4) 아이디어 기록

기록자는 아이디어마다 빠뜨리지 않고 번호를 매겨서 카드에 기록하거나 화이트보드 등에 적어서 구성원들이 볼 수 있게 한다.

5) 아이디어 평가

산출된 아이디어들을 심사하고 분류하여 평가한다. 가장 적합한 아이디어를 선택한 후, 더 나은 아이디어로 발전시킨다.

② 브레인라이팅

브레인라이팅(Brain Writing)은 '침묵의 브레인스토밍'이라는 별명처럼 브레인스토밍의 원리와 규칙을 적용하여 아이디어를 산출하되, 아이디어 창출 과정에서 개별적으로 조용히 아이디어를 창출하여 종이에 기록하고, 그것을 서로 돌려보며 아이디어를 추가해 나가는 사고 기법이다. 브레인스토밍에서는 다른 사람의 영향을 받아 독창적인

표 2.3_ 브레인라이팅의 유형

유형	방법
종이 돌리기	원형으로 둘러앉아 자신의 아이디어를 적은 종이를 옆 사람에게 넘기면, 종이를 받은 사람은 이를 읽은 뒤 자신의 아이디어를 적어서 다시 다음 사람에게 넘긴다.
걸어 다니기	벽에 큰 종이를 여기저기 붙여놓은 후, 참가자들이 걸어 다니면서 종이마다 주제에 적합한 아이디어를 적는다.
멈추었다 시작하기	집단으로 브레인스토밍을 수행한 후, 개별적으로 종이에 아이디어를 적은 다음 발표하기를 반복한다. 내성적이거나 수줍음이 많은 성격의 소유자들이 회의에 적극적으로 참여하는 데 도움이 된다.

사고가 방해받을 가능성이 있지만, 브레인라이팅은 개인의 사고능력을 최고도로 발휘하게 해줄 뿐 아니라 평가 시간까지 평가를 보류하므로 모든 참가자가 자신의 생각을 자신 있게 진술할 수 있도록 해준다. 또 기록한 아이디어들을 서로 돌려본 후 아이디어를 추가하게 함으로써 모든 참가자는 서로의 아이디어를 공유할 수 있게 되고, 산출된 아이디어를 더욱 확장, 개선, 발전할 수 있게 된다.

③ 역 브레인스토밍

역 브레인스토밍(Reserve Brainstorming)은 아이디어가 가질 수 있는 약점을 모두 찾아낸 뒤, 그 아이디어를 실행할 때 나타날 수 있는 오류를 예측해봄으로써 최선의 해결책을 구하는 기법이다. 양적인 면을 중요시한다는 점에서는 브레인스토밍과 유사하지만, 아이디어를 산출하기 위해서가 아니라 이미 산출해 놓은 아이디어를 비판하기 위한 것에 차이가 있다. 역 브레인스토밍은 다음과 같은 절차로 진행된다.

1) 해결해야 할 문제를 명확히 정의한다.

2) "어떻게 하면 역효과를 낼까?", "어떻게 하면 망칠 수 있을까?", "최악의 방법은 무엇일까?"와 같이 문제 해결과 반대되는 역질문을 제시한다.

3) 역 브레인스토밍도 결국 브레인스토밍이므로 가능한 많은 아이디어를 제시한다.

4) 산출한 모든 아이디어를 뒤집어 원래 해결하려던 문제에 적합하게 만든다.

5) 가능성 있고 현실적인 해결책을 선택한다.

활동 2

| 1 | 역 브레인스토밍을 통해 AI 역량 증진 방안을 생각하시오. 다음 예시를 참조하여 최악의 아이디어는 ③의 (　)에, 아이디어 뒤집기는 ④의 _____에 적으시오.

① 문제 정의하기 어떻게 하면 AI 역량을 증진시킬 수 있을까?

↓

② 역질문 만들기 어떻게 하면 AI 역량을 저하시킬 수 있을까?

↓

③ 최악의 아이디어 브레인스토밍		④ 아이디어 뒤집기
예 컴퓨터 가격 인상	···›	예 컴퓨터 관련 용품은 면세 처리
(　　　　　　　　　　)	···›	____________________
(　　　　　　　　　　)	···›	____________________
(　　　　　　　　　　)	···›	____________________

④ 시네틱스

시네틱스(Synetics)는 유추를 통해 유사한 문제의 인식을 촉진하는 기법으로 다음의 4가지 종류가 있다.

1) 직접적 유추

외관상 전혀 관련이 없어 보이는 어떤 대상의 특성을 현안 문제와 결부시켜 보는 방법이다. 이는 창조하거나 해결해야 할 대상의 특징이 어떤 물체의 특성과 비슷하다면, 나머지 요소들도 비슷할 것이라는 가정에 토대한다. 전화기를 발명한 벨(Bell)이 인간의 귀 모양과 유사한 수화기를 만든 것이 이에 해당한다.

2) 의인적 유추

사람을 어떤 물체로 비유하거나 혹은 물체를 사람으로 비유하는 방법이다. 의인적 유추를 할 때 참여자는 진짜로 문제의 대상이 된 듯 감정이입을 해서 문제를 해결한다. 예들 들어, 스마트폰을 개선하고자 할 때는 자신이 스마트폰이 되어 "자꾸 떨어뜨려서 뼈가 부러지잖아!"라는 발상을 통해 완충효과가 있는 스마트폰 케이스를 만든다든가 반대로 '연애·결혼하고 싶은 스마트폰', '스마트폰에 프러포즈하다.'처럼 의인화하는 것이다.

3) 상징적 유추

상징적 유추는 어떤 현상을 두 개의 서로 모순·반대되는 단어로 기술함으로써 압축된 갈등을 유발하는 것이다. '친숙한 낯선 사람', '개방된 비밀', '신중하게 서두름' 등과 같이 두 단어가 모여서 하나의 의미를 형성한다. 이때 두 개의 모순·반대되는 단어의 결합은 심리적 긴장이나 인지적 갈등을 초래함하고 새로운 의미를 창조한다. 예컨대 '신중하게 서두름'은 질서 있고 안전한 대피를 뜻한다.

4) 환상적 유추

현실적인 유추로는 문제가 해결될 수 없을 때 사용하는 환상적이고 신화적인 유추이다. 정신분석학에서 말하는 소원성취의 한 가지 형태로서 공상이나 꿈을 현실과 결부시켜 문제를 해결한다. 예를 들어, 하늘을 날아다니는 손오공에서 우주선을 유추한다든가 "이 방, 저 방 스스로 돌아다니며 치우는 청소기는 없을까?"라는 소망을 이루기 위해 로봇 청소기를 개발하는 경우이다.

|1| 다음 보기를 보고 해당하는 유추 유형에 체크하시오.

보 기	직접 유추	의인 유추	상징 유추	환상 유추
네가 만약 자동차 엔진이라면 배터리가 다 되었을 때 어떤 느낌이겠는가?		✓		
손톱으로 얼굴을 긁으니까 상처가 난다는 발상을 통해 스마트폰 앞면에 보호필름을 부착하였다.				
그리스 신화의 청동 인간에 착안해서 로봇을 발명하였다.				
자율자동차를 광고할 때 '부드러운 강함'이라고 표현한다.				
드론을 만들 때 자신을 드론으로 감정이입을 하여 드론이란 어떠해야 하는지에 대한 아이디어를 냈다.				
홀로서 함께				
낙타의 발을 보고 사막용 타이어를 개발한다.				
잔인한 친절				

⑤ 스캠퍼

스캠퍼(SCAMPER)는 기존의 제품을 개선하거나 신제품을 만들어 낼 때 유용한 방법이다. 생활 주변에서 나타나는 문제점을 발견하고 해결하도록 주어진 질문에 따라 사고를 전개시키므로 초보자도 쉽게

표 2.4_ 스캠퍼(SCAMPER)의 예

요소	내용	예
S (대치)	뭔가 대체할 것을 찾다 보면 새로운 아이디어를 찾아낼 수 있다.	설탕→인공감미료, 유리컵→종이컵, 휴지→비데, 치약→가그린
C (결합)	짝짓기할 것을 찾아보면서 뭔가 시너지를 내거나 새로운 것을 만들 수 있다.	김칫독+냉장고(김치냉장고), 샴푸+린스(하나로 샴푸), 운동화+롤러스케이트(힐리스), 요구르트+시리얼(비요뜨)
A (응용)	어떤 부분을 바꾸어 보면 문제를 해결하거나 제품이나 서비스를 변화시킬 수 있다.	장미 가시→철조망, 증기기관→증기선, 주전자→물뿌리개, 지문인식장치→디지털 도어락
M (수정)	뭔가 꼬여 있는 현상을 변화시키면 대안을 찾아낼 수 있다.	시계나 스마트폰 고리로 된 교통카드, 붉은 장미→노란 장미, 대형 TV, 미니초콜릿, 3단 우산
P (용도변경)	현재의 해결책을 다르게 적용하거나 혁신적으로 사용하면 새로운 기회를 만들 수 있다.	종이컵으로 재떨이, 숯을 공기 정화제로, 벽돌로 책꽂이, 배나 기차를 이용한 레스토랑
E (제거)	뭔가 기존의 것에서 제거해보면 문제 해결의 새로운 실마리를 찾아낼 수 있다.	디카페인 커피, 설탕 없는 음료, 무선 인터넷, 팔 부분에 지퍼를 달아 조끼로도 입을 수 있는 재킷
R (재배열)	지금과는 순서를 바꿔보면 뭔가 색다른 아이디어를 찾아낼 수 있다.	상표가 밖으로 나온 옷, 여름에 모피 세일, 안팎으로 입는 점퍼, 누드 김밥

활용할 수 있다.

스캠퍼는 7가지 영어 단어의 머리글자를 땄는데, S는 대치하기(Substitute)로 재료나 구성물을 바꿈으로써 다양한 아이디어 상품을 만드는 것, C는 결합하기(Combine)로 둘 또는 그 이상의 것들을 혼합하여 새로운 것을 생각해내는 것, A는 응용하기(Adapt, Adjust)로 어떤 원리나 방법을 다른 조건이나 목적에 맞도록 응용해 보는 것, M은 변형하기(Modify)로 주어진 대상을 변형·확대·축소하면 어떻게 될지 생각해 보는 것, P는 용도 바꾸기(Put to other uses)로 다른 용도로 쓰일 수는 없는지를 묻는 것, E는 제거하기(Eliminate)로 사물의 어떤 부분을 삭제하여 새로운 아이디어를 내는 것, R은 재배열하기(Reverse, Rearrange)로 무언가를 뒤집어서 생각하는 것(역발상)으로 혁신경영에 많이 인용된다.

활동 4

| 1 | 자신의 전공 분야와 관련된 제품 중 하나를 선택하여 스캠퍼 기법에 따라 개선하고, 개선된 제품의 이미지를 그려보시오. 어떤 부분이 스캠퍼의 어떤 요소에 따라 개선되었는가?

⑥ 강제결합법

강제결합법(Forced Relationships)은 서로 관련이 없어 보이는 어떤 사물이나 아이디어를 강제로 연결함으로써 새로운 아이디어를 생성하는 기법이다. [표 2.5]와 같이 신조어(新造語)의 경우 강제결합법으로 만들어진 것들이 많다. 또한, 역사상 수많은 발명품들이 강제결합법이란 정신 활동을 통해 만들어졌다. 강제결합법을 성공적으로 수행하려면 사물의 특징을 정확히 파악하는 과정이 필요하다. 제시된 각 사물의 특징을 열거해보고 조합이 가능한 특징끼리 짝지어보면, 새로운 결과를 얻을 수 있다.

강제결합법은 더 이상의 아이디어가 생성되지 않는 경우에 사용할 수 있으며, 강제연결을 통해 새로운 아이디어를 얻음으로써 사물이나 아이디어를 색다르게 생각해 보는 능력을 길러준다. 예를 들어, [표 2.6]과 같이 n×n 모양의 표를 이용하여 가로와 세로가 만나는 곳을 연결하면서 아이디어를 낼 수 있다. 다음은 폐품(가로축)과 시내버스 환경(세로축)을 강제결합한 예시이다.

표 2.5_ 강제결합법의 예시

결합	결과물
팝송+오페라	팝페라
자전거+가솔린 엔진	오토바이
연필+고무	지우개 달린 연필
카메라+전화	화상 전화

표 2.6_ 강제결합법을 이용한 시내버스 개선

	신문	병뚜껑	우유 팩	다 쓴 볼펜
좌석	각 좌석에 신문을 볼 수 있도록 한다.	의자 바닥 또는 등받이에 병뚜껑을 붙여 지압 효과가 있도록 한다.	우유 팩을 이용하여 좌석에 개별 휴지통을 부착한다.	경로석에 있는 사람에 경고할 수 있도록 사용한다.
운전석	신문을 이용하여 햇빛 가리개를 만들어 부착한다.	운전석 핸들에 작은 병뚜껑을 붙여 핸들을 돌리기 쉽게 한다.		
벨		벨 주변에 병뚜껑을 붙여 나이 드신 분들이 벨 위치를 쉽게 찾을 수 있도록 한다.		벨 옆에 끈으로 볼펜을 부착하여 벨을 쉽게 누르는 데 사용한다.
유리창	신문에서 예쁜 그림을 오려 장식한다.		우유 팩을 펴서 햇빛 가리개로 설치한다.	

자료: 호서대학교 공학교육혁신센터, 공통 입문설계교과 업데이트, 2011.

|1| AI와 관련하여 재미있게 본 영화 3편을 골라, 주인공, 사건, 장소 등을 강제 결합하여 새로운 영화를 만드시오.

주인공을 가져올 영화

사건을 가져올 영화

장소를 가져올 영화

새로 만든 줄거리

|2| 새로운 영화의 등장인물 관계도를 그리시오.

⑦ 연꽃 기법

연꽃 기법(Lotus Blossom)은 구조화된 아이디어를 생성하도록 하는 기법인데, 마인드맵처럼 아이디어를 자연스럽게 이끌어낼 수 있을 뿐만 아니라 아이디어가 체계적이고 구조화되어 있다. 구조화된 아이디어는 중심 주제나 문제를 해결하는 데 효율적으로 활용될 수 있고, 자기 주도적 학습에도 도움이 된다. 연꽃 기법의 구체적인 절차는 다음과 같다.

1) 아래와 같이 표를 만들고, 정 가운데 칸에 문제를 적는다.

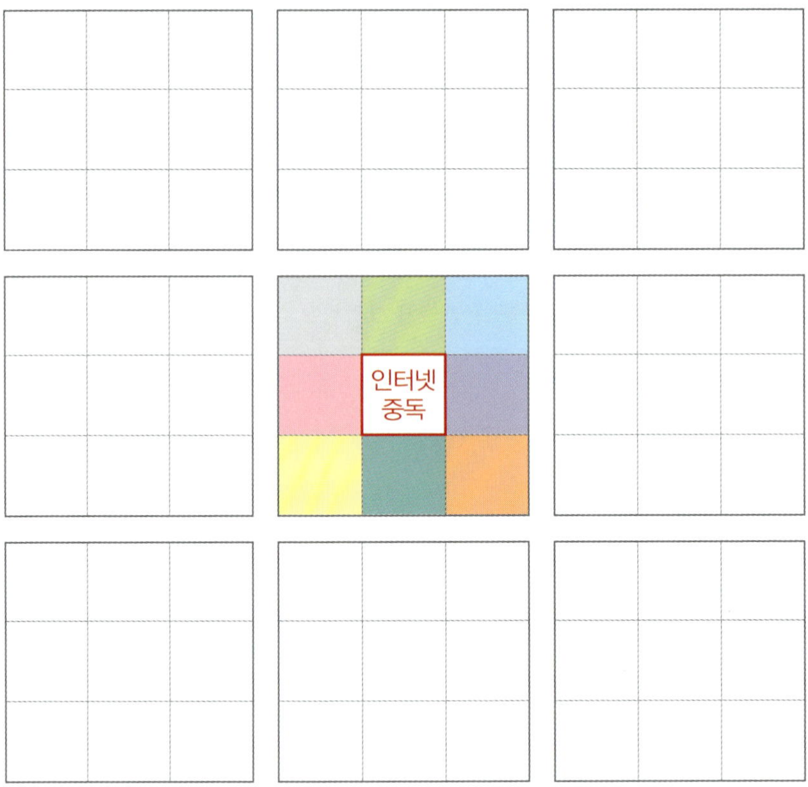

2) 문제 둘레의 8개 칸에 문제의 원인을 기록한다.

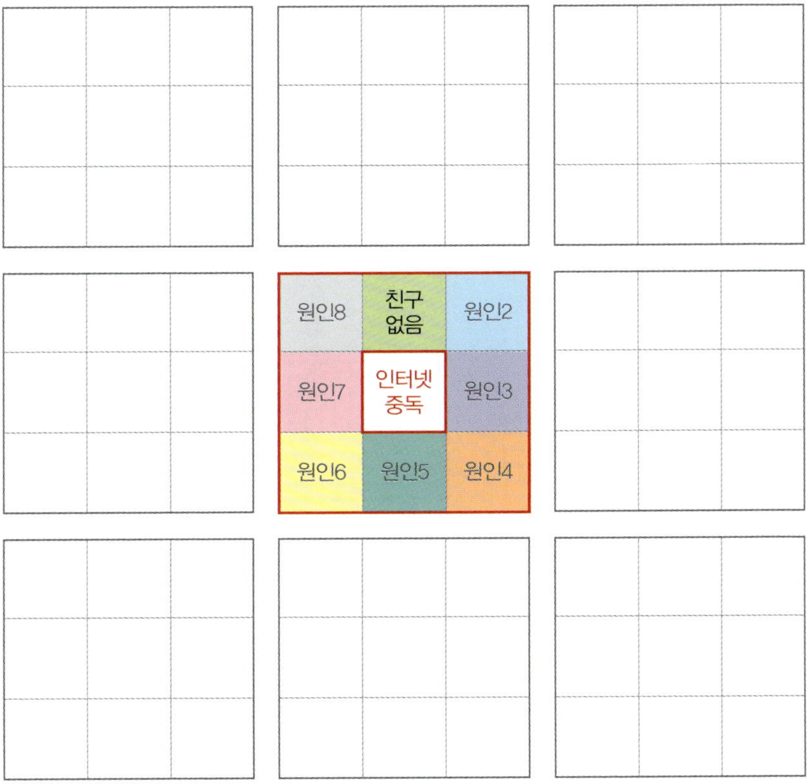

3) 8개의 원인을 각 방향의 표(새로운 연꽃)의 중앙에 적는다.

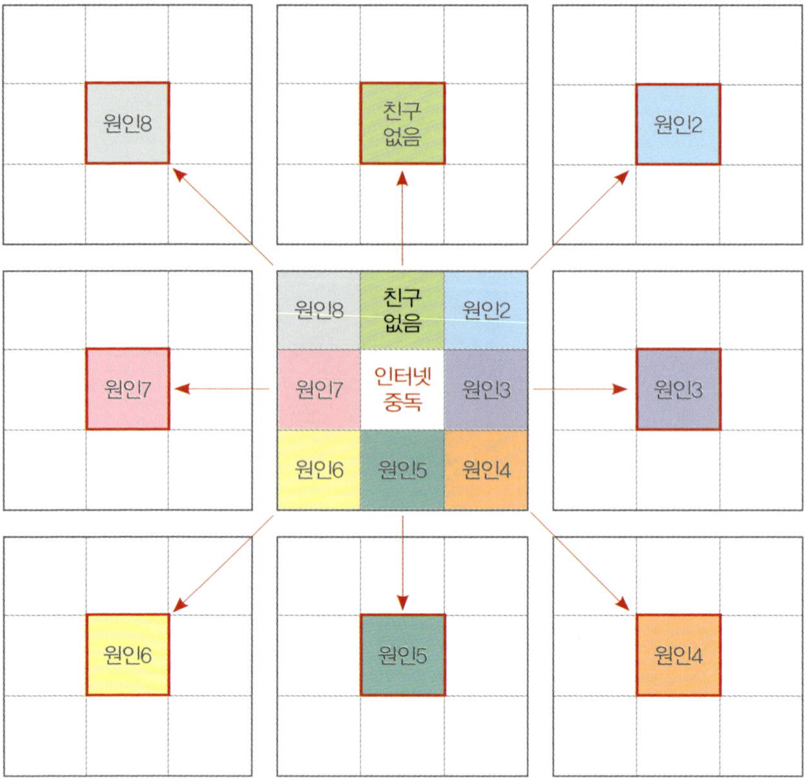

4) 원인 1(친구 없음)에 대한 해결방안을 주변 8개 칸에 적는다.

5) 나머지 원인에 대해서도 같은 방법으로 해결방안을 적는다.

활동 6

|1| 김과장은 컴퓨터 공학과를 졸업하고 VR 게임회사에 근무하는 연구원이다. 하지만 그가 만든 제품은 시장에서 인기를 끌지 못하였고, 그도 회사 생활이 즐겁지 않았다. 김과장이 회사에 적응하지 못하는 이유는 무엇이며, 어떻게 하면 이 문제를 해결할 수 있을지 연꽃 기법을 사용하여 빈칸을 채우시오.

2장 참고문헌

- 융합형 CT-FL 수업 모형 기반 초등 인공지능 융합 교육 지도의 실제, 구재훈, 김태영, 한국컴퓨터교육학회 학술발표대회논문집, 2020.
- 인공지능의 시대, 교육의 변화와 방향에 따른 학교체육의 과제, 박민영, 엄우섭, 한국초등교육, 2020.
- 하버드에도 없는 AI시대 최고의 학습법: 지정의 학습, 박병기, 김미영, 나미현, 거꾸로미디어, 2021.
- 21세기 인공지능시대에서의 교육의 목적, 이상욱, 고영미, Journal for history of mathematics, 2017.
- 인공지능과 딥러닝 시대의 창의성, 이영의, 지식의 지평 21권 0호, 2016.
- 창의성 너마저……나라경제 2017년 10월호, 장필성, 2017.
- 인공지능도 교사도 만능은 아니다…"상호 협력 상생 필요", 에듀인뉴스, 2020.7.20.
- 유아교사를 위한 창의적 논리논술, 한유미, 어가, 2018.
- 창의성이 살아있는 유아 교과논리논술, 한유미, 파워북, 2021.
- 호서대학교 공학교육혁신센터. 공통 입문설계교과 업데이트, 2011.
- Boden, M. A., Creativity and artificial intelligence, Artificial Intelligence, 1998.
- Boden, M. A., The Creative Mind: Myths and Mechanisms. London: Routledge, 2000.
- Isenberg, J. P. & Jalongo, M. R., Creative Expression and Play in the Early Childhood Curriculu. NY: Macmillan Publishing Company, 1993.
- Lubart, T. I., Creativity. In Sternberg, R. J.(ed), Thinking and Problem Solving, Academic Press, 1994.

3장

AI 시대의 문화산업

1. 문화산업이란?

1-1 문화산업의 등장

문화산업은 21세기에 들어서서 가장 발전하고 있는 산업이다. 문화산업과 관련된 새로운 직종이나 직업은 매일 탄생하고 있다고 해도 과언이 아니다. 미국의 경우에는 50년 전까지만 해도 전체 노동자 중 창조산업 직업(creative class jobs)의 비중이 15%에 불과하였으나, 2022년에는 전체 노동자 중 1/3을 훌쩍 뛰어넘어 총 1,560만 개의 일자리 중 560만 개가 창조산업과 관련된 일이 되리라고 예측하고 있다. 이것은 2012년과 비교하였을 때, 12.5% 증가한 것으로 여러 산업 중 가장 큰 증가치를 보여준다.

영국도 비슷한 경향성을 보여준다. 영국의 DCMS(Department for Digital, Culture, Media&Sport)의 통계에 따르면, 창조산업의 가치가 2016년 948억 파운드였던 것에 비해 2017년에는 1,015억 파운드로 추산되어 전년도 대비 7%가량 상승한 것으로 평가된다. 2017년 기준 영국의 창조산업 관련 직업은 312만 개인데, 이것은 영국 전체 직업의 1/11에 해당하는 큰 숫자이며, 전년도인 2016년에 비해 8만 개가 늘어난 것이다. 다른 산업에 비해 창조산업 직업의 수가 가파르게 상승하고 있음을 알 수 있다.

그렇다면 문화산업이 이처럼 급격하게 발전하는 이유는 무엇일까? 미래 사회 메가 트렌드를 분석하는 다양한 조사를 살펴보면, 문화산업이 앞으로 지속적으로 부상하고 산업 규모가 증가하리라는 것을 예측할 수 있다. 가령 KDI가 발표한 "미래비전 2040"에 따르면, 미래

사회에 여가 및 문화의 가치가 증대하여 문화 접변 현상이 증가할 것이고, 소비자의 욕구가 다양해지면서 점점 고도화할 것으로 예측하였다. 이러한 분석은 문화산업의 미래에 대한 중요한 시사점을 던져준다. 즉, 소비자들은 일반적인 문화 산출물에 만족하지 못하고 각자 다른 욕구와 취향을 만족시킬 수 있는 다양하고 세분화된 문화 산출물을 요구한다는 것이다. 이것은 전통적인 문화예술 분야 내에서도 문화소비자들의 요구가 점점 세분화되면서 전문화된 지식과 섬세한 요구 분석, 그에 따른 새로운 문화 산물을 요구한다는 것을 의미한다.

디지털 기술이 문화 예술과 결합하면서 이전에는 보지 못했던 새로운 문화 현상이 계속 등장하고 있다. 예를 들어, 전통적으로 순수문학 창작을 가르치던 대표적인 학과인 문화예술창작과에서는 '웹소설 창작' 과목을 정규 교육과정에 도입할 정도로 새로운 문화산업의 열풍은 거세다.[1] 디지털 기술은 기존에 상상하지 못했던 것들을 가능하게 해주면서 아무도 예측하지 못했던 새로운 현상을 매일 만들어 내고, 이것은 다시 새로운 직업을 요구하면서 기존 직업의 변화를 강요한다.

사회는 지식기반경제를 향해 나아가고 있으며 이에 따라 지식경쟁력의 중요성이 부상하고 있다. 이러한 미래 트렌드는 더는 한국 사회가 제조업 중심의 산업이 아니라 지식기반 산업으로 산업 구조가 재편되리라는 것을 보여준다. 이와 더불어 정보서비스의 비중 강화, 콘텐츠 무형자산 시대의 도래, 창의력과 감성의 부각 등의 현상은 현재 사회에서 가장 주목할만한 현상으로 지목된다. 정보, 기술, 감성이 결합한 새로운 형태의 산업이 출현하고 있는 것이다. 코로나로 인해 많

---

1 문학청년, '엄숙' 벗고 '실용' 입다, 조선일보, 2021.1.12.

은 사람들이 대면 접촉을 할 수 없게 되면서 정보서비스 콘텐츠 시대로의 진입은 예상보다 훨씬 더 빨리 그리고 강력하게 촉진되었다. '파워 블로거'라는 단어는 이미 구시대의 것으로 들릴 정도로 정보서비스 콘텐츠 생산은 빠르게 변화한다. 유튜브, 일인 팟캐스트 등으로 정보서비스 콘텐츠는 홍수와 같이 쏟아져 나오고 있고 인플루언서, 유튜브 대학 등 관련 직업 혹은 직종은 매일 다른 용어가 필요하다고 할 정도로 그 상황이 빠르게 변화하고 있다.

이처럼 창조적 행위 혹은 문화적 행위가 경제적 중요성을 띠게 되고 산업으로서 엄청난 잠재력을 가졌다는 점이 알려지면서, 창조산업 혹은 한국식 용어로 하자면 문화산업이라 불리는 종류의 새로운 산업이 21세기에는 헤게모니적 성격을 갖게 되었다는 주장까지 나오게 되었다. 프리먼(Alan Freeman, 1927~2006)에 의하면 창조산업은 1830년대의 증기기관의 출현, 1890년대의 전기 기계의 출현, 그리고 포디즘 시대의 원유의 역할과 비견할 만한 중요성을 갖는다. 19세기 산업혁명이 시작하였을 때, 모든 사람이 증기를 사용할 수 있었던 것은 아니지만 증기 엔진이 출현함으로써 산업뿐 아니라 사회 전반이 근본적인 변혁을 겪었다는 점을 그는 우리에게 상기시킨다. 계속해서 그는 1890년대의 전기 기계와 20세기 초반의 포디즘 역시 관련 산업만을 발전시킨 것이 아니라 산업 구조 전반을 뒤흔들어 놓았고 사회 전반의 삶의 양식까지 바꿔 놓았다는 점을 지적한다. 그리고 현재는 창조산업이 이와 같은 역할을 담당한다고 주장한다. 즉, 삶의 양식의 모든 면에서 창조성이 가장 중요한 요소로 작용하고, 문화적 행위와 창조적 행위가 모든 산업에서 가장 핵심적이고 지배적인 요소가 된다는 것이다. 프리먼은 현대인의 삶에 있어서 창조산업 혹은 문화적 행위와 창조성이 경제 현상의 근간을 이룬다는 점을 강조한다.

그렇다면 문화산업이 과연 무엇이기에 이토록 중요하다고 말하는 것인가? 위의 글에서도 보이듯이 영국과 미국에서는 창조산업과 문화산업이라는 단어들이 번갈아 사용되고, 이 단어들이 지칭하는 영역 역시 다소 모호하고 서로 중첩되어 보이기도 한다. 영국과 미국에서는 창조산업이라는 용어를 선호하는 반면, 한국에서는 문화산업이라는 용어를 주로 사용한다. 그렇다면 이러한 용어들은 같은 개념인가? 차이가 있다면 무엇인가? 이렇게 다른 용어를 사용하게 된 배경은 무엇일까?

1-2 문화산업이라는 용어의 역사와 의미

문화산업, 영어로는 Culture Industry라 불리는 이 단어는 아직 정식으로 옥스퍼드 사전과 같은 전통적인 사전에 등재되지 않은 채 여러 기관, 특히 미디어 연구나 문화연구, 창업자 연구 등 다수의 연구 논문과 보고서에서 지속적으로 사용됨에 따라 임의로 정의되고 있다.

문화산업과 창조산업이라는 용어를 교차하여 사용하는 대표적인 비평가로는 테리 플루(Terry Flew)를 들 수 있다. 그는 문화산업 혹은 창조산업은 현대의 경제 체제에서 문화가 산업적인 수단을 통해 생산되고 분배되는 부문을 지칭한다고 말한다. 그는 개인이나 그룹이 창의성을 발휘하여 직접 판매를 통해, 혹은 지적 재산권의 형태를 통해 상업적 가치를 갖는 독창적인 문화상품을 생산하는 것을 문화산업 혹은 창조산업이라고 말하였다. 그는 문화산업과 창조산업의 차이를 강조하기보다는 이 두 용어를 교차하여 사용하면서 주로 예술, 미디어,

디자인 부분이 디지털 테크놀로지를 통해 결합하여 세계화 과정 가운데 기회를 찾거나 도전을 겪는다고 말한다.

한편, 문화산업과 창조산업이라는 용어 사이에 약간의 차별성을 부여하는 경우도 있다. 경제학자이자 예술이론가인 피에르 루이지 사코(Pier Loigi Sacco)는 문화산업 혹은 창조산업이 20세기 이후에 출현하였다고 본다. 즉, 라디오, 녹음, 사진술, 영화, 인쇄술의 발달 등으로 문화접근성이 확장되고, 문화진보에 영향을 주면서 새로운 문화산업이 태동할 수 있었다는 것이다. 문화산업과 창조사업은 실질적으로는 상호 교환 가능한 용어지만 전자가 주로 문화적 유산과 전통적 형태의 창조에 방점을 두고 있다면, 후자는 주로 지적 재산을 강조함으로써 이익을 창출하고 직업을 만들어내는 응용예술 행위 및 혁신을 강조한다고 본다.

사실 문화산업이라는 용어는 1944년 테오도르 아도르노(Theodore Adorno)와 막스 호르크하이머(Max Horkheimer)가 조합하여 만든 단어이다. 그들이 이 용어를 사용한 후, 50여 년이 지나가면서 이 용어는 처음 두 철학자가 의도했던 의미와는 극적으로 다른 의미를 갖게 되었다. 아도르노와 호르크하이머가 문화산업이라는 용어를 사용할 때는 상당히 부정적인 의미를 담고 있었다. 이들은 문화적 산물이 산업적으로 생산·재생산되고 대량 분배된다는 것을 비판적인 시선으로 바라보았던 것이다. 프랑크푸르트 학파의 대가인 아도르노와 호르크하이머는 "문화산업: 대중 사기로서의 계몽(The Culture Industry: Enlightenment as Mass Deception)"이라는 논문에서 문화산업은 문화적 상품들을 표준화시키며, 이 과정에서 권력을 가진 자들이 재정적 이득을 얻을 수 있도록 생산한다고 주장하였다. 그들은 문화가

"모든 것에 동일한 스탬프를 찍어낸다."라고 주장하며, 특히 영화, 음악, 잡지 분야를 예로 든다. 문화산업은 공적 규제와 치열한 경쟁에서 살아남기 위해 대중들에게 어필할 수 있는 가장 낮은 공통지점을 발견하고, 재능, 개인성, 창조성 등을 희생하며 문화상품을 생산한다고 생각하였다. 이들은 대중문화의 상품화를 비판하며 문화산업이 시장의 요구와 자본주의적 목표에 맞게 문화를 재단하면서 획일화하여 대중들을 무비판적이고 표준화된 존재로 만든다고 믿었다(Robert W. Witkin). 즉, 문화를 상품화하고 문화 생산을 산업으로 제도화함으로써 문화가 개인의 상상력을 독창적으로 재현하는 것이 아니라 표준화된 상품이 되어 현재의 지배 이데올로기를 강화하고 심지어 참다운 창의성을 질식시키는 데 기여한다는 것이 그들의 진단이었다(Lily Kong).

이렇게 사뭇 부정적인 의미로 사용되던 문화산업이라는 용어는 1960년대에 들어서 의미가 변화하기 시작했다. 발터 벤야민(Walter Benhamin)과 베르나르 미에주(Bernard Miège)와 같은 이론가들은 문화란 한 가지 이데올로기에 의해 포섭되고 봉쇄되는 것이 아니며 자본주의 체제 내에서도 다양한 욕구와 주장의 충돌과 투쟁의 장이라는 점에 주목한다. 즉, 한 국가의 한 시대의 문화 현상은 단일하지 않으며 오히려 매우 복잡하고 다층적일 뿐 아니라, 문화 생산의 다양한 요소와 분야들이 상호 연결되어있다는 것이다. 문화산업에 대한 관점이 이렇게 변화하면서 기존에 영어의 단수로 사용되던 문화산업(Culture Industry)은 복수로 바뀌어 문화산업들(Culture Industries)이라는 용어가 선호되기 시작하였다.

그 후, 문화산업이라는 용어는 다시 창조산업(Creative Industry)

이라는 용어로 대치되는 경향을 보였다. 이렇게 된 계기는 1997년 영국 정부가 정책 방향을 제시하면서 이전까지 사용하던 '문화산업들'이라는 개념 대신 '창조산업들(creative industries)'이라는 개념을 사용하기 시작한 것에서 찾을 수 있다. 영국 정부가 이처럼 새로운 용어를 사용하기 시작한 것은 이전의 산업 정책을 진보적으로 확장하여 기술적·산업적 트렌드의 변화를 포용할 필요를 느꼈기 때문이다.

영국 정부는 창조산업이란 '개인의 창의성, 기술, 재능에 근거한 산업으로서 지적 재산권의 창출과 이용을 통해 직업과 부를 창출할 수 있는 것'으로 정의하였다.[2] 영국 정부는 창의성을 강조하고 창의성이 혁신, 기술적 변화, 산업 발전의 원동력이 된다는 점에 주목하면서 문화산업이라는 용어 대신 창조산업이라는 용어를 사용한 것이다. 영국 정부는 창조산업들이라는 용어를 사용하면서 엔터테인먼트, 레저산업 등 종전의 문화산업들이라는 개념에서 다루지 않았던 분야에 적극적으로 접근하고 예술적·창조적 활동을 상품화, 상업화하는 정책을 강화하였다. 그 결과 고용인원의 증가, 세수 증가, 직업 창출 등 성공적인 변화를 이끌냈다고 평가되었다. 이러한 정책 변화와 성공적인 결과 산출은 세계 각국에 큰 자극이 되었다.

한국에서는 창조산업이라는 용어보다는 문화산업이라는 용어가 더 자주 사용되고 있는데, 이러한 현상은 여러 각도에서 해석할 수 있다. 우선 한국에서는 문화 관련 사업을 육성 관리하는 정부 기관이 주로 문화라는 용어를 사용해왔다는 점을 생각해 볼 수 있다. 한국의 정부 기관은 문화체육관광부, 한국문화예술교육진흥원, 한국문화관광연

2 Creative Industries Mapping Document, DCMS, 2001.

구원 등 대부분 문화라는 용어를 사용한다. 또한, 한국에서 문화산업이라는 용어를 도입하던 시기에 발전 모델로 삼았던 영국은 당시 관련 사업을 주관하는 부처 명칭이 DCMS, 즉 digital, culture, media, sports였고 부처 명칭에 문화를 포함시킬 뿐 아니라 문화산업이라는 용어를 사용하면서 관련 산업 분야를 적극적으로 육성하였다. 그런데 이후 이 산업 분야에 대한 이론적 담론이 지속적으로 발전해온 반면, 한국은 그 중간단계에서 용어를 고착시켰기 때문에 창조산업이라는 용어보다는 문화산업이라는 용어를 주로 사용한다고 생각할 수 있다. 하지만 한국에서 문화산업이라는 용어는 영국의 창조산업이 내포하는 의미를 포함하여 사용된다. 재미있는 것은 영국에서 창조산업이라고 부르는 영역 중 상당수, 예를 들어 영화, 음반, 게임 등을 미국에서는 엔터테인먼트 산업이라는 용어로 설명한다는 점이다. 이렇게 본다면 각 나라의 역사적, 사회적, 문화적 맥락에 맞게 문화산업, 엔터테인먼트 산업, 창조산업이라는 용어들이 사용되고 있다고 볼 수 있다.

1-3 문화산업의 핵심

현재 문화산업, 창조산업, 엔터테인먼트 산업 등 다양한 용어가 사용되고 있는데 이들 용어를 관통하는 핵심적인 요소는 무엇일까? 그것은 예술 혹은 창의성이 경제활동과 결합한다는 점이다. 과거에는 예술은 고독한 천재의 활동, 사회와 거리를 두고 자신만의 세계를 탐구하는 활동으로 여기는 경우가 많았고, 예술적 창의성은 이윤 창출과는 상반된다고 생각되는 경우가 많았다. 반면, 현대의 문화산업은 예술과 창의성이 경제활동 혹은 상거래 행위와 결합하여 새로운 직종, 직업, 경제활동을 창출한다는 점에서 21세기적 현상이라고 할 수 있다.

예술과 통상, 창의성과 경제활동의 결합
■ 지식과 정보를 생성하거나 그것을 이용한 경제활동
■ 지적 재산권과 관련된 경제활동
■ 아이디어가 문화상품이나 문화 관련 서비스로 전환될 수 있는 경제활동

이처럼 예술과 통상, 혹은 창의성과 경제활동이 결합하면서 상품뿐 아니라 새로운 지식과 정보, 서비스가 생성되는데, 여기서 주목할 점은 지식 혹은 정보가 재산이 된다는 것이다. 즉, 법률적으로 정의된 지적 재산권뿐 아니라 개인이 기존 정보와 지식을 활용하여 새로운 지식, 정보, 상품, 서비스를 활용하면서 지식 혹은 정보, 아이디어가 경제활동으로 직접 연관된다는 점이 21세기 문화산업에서 매우 중요한 요소이다. 수많은 유튜브 방송들을 시청하다 보면, 이것은 곧 체감할 수 있을 것이다. 정보의 홍수 속에서 각 유튜버들은 그러한 정보를 자신의 관점에 따라 다시 재조직화하고 편집하여 영상으로 송출한다. 유튜브 방송들은 각 유튜버의 아이디어가 곧 상품이 되고 경제활동으로 변환되는 예를 잘 보여준다.

디지털 기술의 발달, 인터넷을 이용한 각종 사회적 연결망의 확장과 결합에 따라 문화산업의 범위는 나날이 확장 및 다양화하고 있어서 그 범위를 함부로 논하기가 어려울 정도이지만, 일단 대략 그 범위를 분류해보면 [그림 3.1]과 같다.

즉, 건축, 디자인, 영화·TV·라디오·사진, 출판, 음악·공연예술, 미술·공예 등 전통적으로 예술 혹은 문화의 영역에 속한 것들이 문화

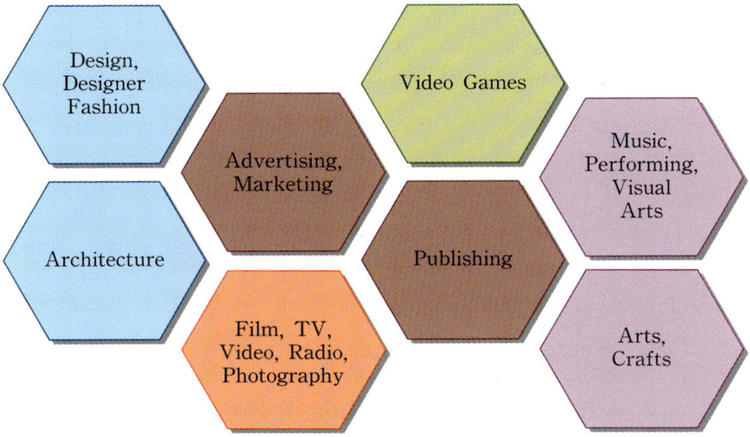

그림 3.1_ 문화산업의 범위

산업에 포함될 뿐만 아니라 비디오게임, 웹 소설, 웹툰 등 새로운 산업 분야까지도 지속해서 포함된다는 것이다.

현대 문화산업의 특징은 디지털 기술이 점점 더 핵심적 중요성을 갖게 된다는 점이다. 디지털 인터페이스를 통해 생산과 소비가 맞물려 이루어지고, 생산과 소비 모두 디지털 환경에서 이루어지는 경우가 점점 증가하기 때문이다. 그리고 이러한 현상은 코로나 팬데믹으로 인해 예상하지 못한 속도로 그 변화가 빨라지고 범위도 전방위적으로 확대되어 이제는 디지털이 현대 문화산업의 가장 중심축으로 변모했다고 해도 과언이 아니다.

가장 전통적인 문화산업이라고 할 수 있는 출판도 디지털 환경을 통해 지속해서 변화하고 있다. 예를 들어, 킨들로 대표되는 e-book 리더는 이제 전혀 새로운 현상이 아니다. e-book 출판이 점차 낯설지 않게 되었다. 내용상으로도 웹 소설, 웹툰이라는 새로운 장르가 나타났을 뿐 아니라 시장 규모는 기하급수적으로 증가하고 있다. 웹 소설 시장 규모는 2013년 1,000억이었던 것과 비교하여 2020년에는 6,000억 원 정도로 추산되며 웹 소설은 월평균 1만 건의 작품들이 등록되고 하루 평균 조회 수는 2,012,200회 정도로 보고된다(한국출판문화산업진흥원). 웹툰 역시 비약적인 성장을 거듭하고 있다. 2019년 네이버 웹툰은 6,000억 원의 매출을 올렸으며 2020년에는 9,000억 원으로 추산된다. 네이버 웹툰의 기업가치는 5조7천억 원으로 평가되는데 이것은 현대중공업의 시가총액과 거의 맞먹는다(최재봉). 산업 규모가 이처럼 성장하였을 뿐만 아니라 웹 소설, 웹툰은 팬덤의 성장, 팬픽션 등의 발전을 통해 팬들이 독자 겸 작가가 되어 지속적으로 새로운 픽션을 생산하는 등 이전에는 상상하기 어려웠던 문화 현상들을 촉발하고, 또 그것은 다시 새로운 문화산업의 출현을 촉발시키고 있다.

2. 문화산업에서 AI 역할 현황

2-1 개황

현재 우리들의 삶에서 AI의 활동 분야를 한마디로 정의하기는 매우 어렵다. 기본적으로 우리가 이제까지 익숙하게 사용해왔던 디지털 정보 기술과 AI의 경계선을 명확하게 긋는 것이 어렵기 때문이다. 가령 우리가 흔히 '지니'라고 부르며 생활 가운데 친밀하게 사용하는 것은 AI의 일종이라고 볼 수 있다. 우리가 집에서 '지니, 오늘 날씨가 뭐니?"라고 물어보고 답변을 듣는 것은 정보기술, 음성인식 기술, 정보의 언어변환 기술 등이 결합된 결과이다. 즉, 우리는 막연히 AI를 신비화하며 앞날에 나타날 것이라고 기대하거나 두려워하고 있지만, 사실 AI는 이미 우리 곁에 다가와 있는 것이다. 물론 그 '지니'는 매우 초보적인 단계의 AI이지만 앞으로 어디까지 발전할지, 또 어떤 식으로 사용 가능할지는 아무도 모른다. 다만 수많은 지니a, 지니b, 지니c, 지니d 이런 식으로 발전해가면서 점차 진화된 AI가 나타나리라는 것을 짐작할 뿐이다.

현재 문화산업에서 사용되는 AI의 역할 역시 마찬가지다. 아마 이 책이 출간되어 사용될 때는 책을 집필하고 있는 지금의 AI보다 훨씬 더 발전된 AI가 나타나 더 광범위한 용도로, 그리고 더 정교한 기능을 가지고 사용되고 있을 것이다. AI는 음성인식, 시각인식 등의 정보 인식, 빅데이터 처리 등에 기반한 의사 결정 장치들이 결합되면서 그 분야가 무한대로 확장 가능한 것처럼 보이고, 기능이 다양하게 발전하고 있으며, 활용범위의 지속적인 확장 및 활용 가능한 업무의 난이도도 계속 진화하고 있기 때문이다. 따라서 문화산업에서 AI의 활용범위를 일목요연하게 정리하기는 어렵다. 이러한 한계점을 인식하면서도 일단 엔터테인먼트 산업과 관광산업에서의 AI의 활용현황을 정리하고자 한다.

2-2 AI 활용 사례: 엔터테인먼트 산업

엔터테인먼트 산업에서 AI의 역할은 크게 ① 콘텐츠 분류 및 개별화, ② 방송 및 영화 제작 정보제공, ③ 자막 생성, ④ 규제 대응, ⑤ 맞춤형 서비스 등으로 분류할 수 있다. 우선 첫 번째로 콘텐츠 분류 및 개별화에 대해 이야기하자면, 이미 많은 사람들이 유튜브나 인스타그램을 이용하면서 해시태그(#)를 달아본 경험이 있을 것이다. 이처럼 태그(tag)를 붙이는 것은 콘텐츠의 내용을 분류하는 데 큰 역할을 담당한다. 태그에 따라 알고리즘이 작동하면서 사람들은 자신들의 관심 분야에 맞는 콘텐츠들이 지속적으로 공급된다는 것을 경험해 보았을 것이다. 그런데 AI는 사람들이 붙인 태그를 관리할 뿐 아니라 콘텐츠의 장면 장면을 분석하고, 그것에 메타데이터 태그(metadata tag)를 부여한다. 그렇게 모든 콘텐츠의 장면을 분석하고 분류하면, 그 데이터들은 필요에 맞게 사용되도록 다시 알고리즘에 편입된다. 그리고 개인의 취향 분석, 연령별, 인종별, 직업별 취향 조사 등 인구학적 조사를 거치면서 콘텐츠의 각 장면과 개인 혹은 집단과의 매칭 포인트를 맵핑한다. 그리하여 AI가 분류한 데이터는 광고나 마케팅을 위해 사용되기도 하고, 각자의 취향에 맞게 콘텐츠를 공급하거나 청중의 취향에 맞게 정교하게 디자인된 콘텐츠를 제작하는 데 사용된다.

둘째, 방송 및 영화 제작에서 AI는 다양한 방식으로 활용된다. 가령 방송사에서는 각 채널에서 제공하는 프로그램의 수행도를 정밀하게 분석하는 데 AI를 활용한다. 기존에도 시청률 조사 등 프로그램 수행도 조사는 이루어져 왔지만, 이제 AI는 프로그램을 구성하는 요소들을 모두 개별화하여 분석할 수 있다. 즉, 등장인물, 조명, 소도구, 대사, 장면, 음악 등 각 요소가 시청률에 어떻게 영향을 끼치는지, 어떤 인구 집단에 어필하는지, 새로운 관심을 일으키지 않는지, 반감을 불러일으키는지 등을 매우 정밀하게 조사할 수 있다. 과거에 이러한 조사를 한다면 데이터 분석과 보고서 작성에 많은 시간과 인력이 필요하였으나, 이제 AI는 생성된 데이터를 기초로 하여 자동으로 보고서를 작성한다. 작성된 보고서는 새로운 프로그램이나 영화를 제작하는 데 유용한 정보로 사용된다.

한편, 영화나 방송 프로그램 제작 현장에서도 AI는 큰 역할을 담당한다. 가령 영화를 제작할 때 훌륭한 대본이 완성되었다 하더라도 실제 촬영하는 단계에서는 매우 세세한 작업들이 필요하다. 즉, 대본을 쪼개고 스토리보드를 작성하고 촬영 리스트를 만들고(예를 들어, 클로즈업, 바스트 샷, 롱 테이크 등) 배우와 스태프진의 일정 관리, 예산 관리 등의 다양한 작업이 필요하다. 그런데 AI 기반 소프트웨어는 이러한 것들을 자동으로 관리한다. AI 기반 소프트웨어의 사용은 스태프의 관리 업무를 대폭 줄여주고, 연기·촬영·편집의 질을 높이는 것에 집중할 수 있게 해준다.

셋째, 자막 생성은 이미 많은 사람들이 콘텐츠를 시청하면서 가장 혜택을 본다고 실감하는 부분일 것이다. 예전에는 콘텐츠에 자막을 다는 것은 매우 손이 가는 일이었다. 등장인물의 말하는 속도에 맞추어 자막을 넣는 것은 매우 신경 쓰이는 일이었기 때문이다. 그러나 이제는 자연어 처리(Natural Language Processing)기능과 자연어 생성(Natural Language Generation)기능이 획기적으로 발달하면서 AI의 도움으로 자국어 자막은 물론이고 외국어로 번역된 자막도 손쉽게 넣을 수 있게 되었다. AI는 말과 대화 패턴을 분석하여 맥락에 따라 정확한 자막을 생성할 수 있도록 만든다. 외국어 번역 자막은 외국어의 종류에 따라 번역 수준이 다르고 아직 초기 단계에 있는 외국어 번역들도 많지만, 데이터가 축적됨에 따라 좀 더 정확한 외국어 번역 자막도 곧 출현하리라 기대된다.

넷째, 문화콘텐츠의 다양한 규제에 대응하기 위해서 AI가 활용된다. 어떤 나라에서 제작된 콘텐츠를 다른 나라에서 시청하거나 어떤 플랫폼에서 제작된 콘텐츠를 다른 종류의 플랫폼에서 시청하려면, 다양한 종류의 규제나 장벽을 만나게 된다. 예를 들어, 넷플릭스와 같은 스트리밍 서비스에서는 성인용 콘텐츠가 자유롭게 유통되지만 TV에서는 규제를 당한다. 또한, 어떤 나라에서는 문제가 없는 콘텐츠가 다른 나라에 가면, 종교적인 이유나 문화적인 이유 때문에 검열당하거나 삭제되기도 한다. 이때 AI는 각 콘텐츠의 장면들을 분석해서 민감하다고 판단되는 부분들을 가려낸다. 또한, 자연언 처리 기능을 통해 대화에서도 문제가 될만한 부분들을 탐지할 수 있다. AI는 이러한 기능을 통해 콘텐츠 제작자 혹은 보급 주체들이 각국의 규제나 플랫폼에 따른 규제에 적절히 대응할 수 있도록 돕는다.

다섯째, AI는 콘텐츠 큐레이팅, 타겟 맞춤형 광고, 개별화된 서비스를 제공하는 챗봇 발전 등을 통해 다양한 방식으로 맞춤형 서비스를 제공할 수 있도록 만든다. 너무나 다양한 정보와 콘텐츠들이 유통되고 있기 때문에 각 사람은 자신의 필요에 맞는 콘텐츠를 찾는 데 어려움을 느낀다. AI 알고리즘의 분석에 따라 각자의 취향에 맞는 콘텐츠가 제공되기는 하지만, 거꾸로 사람들은 계속해서 동일한 종류의 콘텐츠가 제공되는 것에 지루함을 느끼기도 하고 이제까지와는 다른 새로운 종류의 콘텐츠를 필요로 하기도 한다. 이때 콘텐츠 큐레이팅 기능은 놀랄 만한 속도와 효율성을 가지고 필요한 콘텐츠를 찾아내고 분류하여 제공한다.

한편, 경영자 입장에서는 AI를 통해 타겟 맞춤형 광고를 공급할 수 있다. 연령, 지역, 직업, 소득, 인종, 취향, 검색어 등을 통한 정밀한 분석에 따라 각 개인의 취향과 필요를 파악하고 그에 맞는 광고를 제공하여 마케팅 효과를 극대화할 수 있다. 이러한 여러 서비스에도 불구하고 개인은 제공된 상품에 대해 질문이 있거나 불만을 제기할 수 있는데, 이런 경우에는 발전된 챗봇이 불만을 처리하고 사용자의 과거 이력과 사용 패턴 분석 등을 통해 그에게 최적화된 다른 상품을 추천하는 등 맞춤형 서비스를 제공한다.

2-3 AI 활용 사례: 관광산업

관광산업에서 AI는 숙박객이나 교통편 등의 예약 처리, 호텔 등 숙박업소에서의 기능 인력의 업무 대체 등의 단순 업무부터, 관광객의 취향과 기후 변화 등 나날이 바뀌는 현지 상황에 대한 정보를 결합하여 매일의 관광 프로그램을 제안하는 등, 보다 복잡하고 까다로운 업무까지 다양한 분야에서 사용되고 있다. 또한, 인터페이스상에서 챗봇을 활용하여 예약 처리 및 변경, 다양한 질문과 불만에 대한 대답 제공 등이 이루어지고 있는데, 고객들은 자신이 사실은 챗봇과 대화하고 있다는 점을 모르는 경우가 많다. 케인, 토마스, 알론소(Lisa Nicole Cain, John H. Thomas, Miguel Alsonso Jr.)의 공동연구에 따르면 관광산업에서 로봇과 AI가 활용되는 사례들은 다음 [표 3.1]과 같이 분류할 수 있다.

관광산업에서 현재 AI가 수행하는 역할은 크게 ① 숙련된 인력 대체, ② 개별화된 서비스 제공, ③ 인터액티브 인터페이스 제공 등 세 가지 정도로 정리할 수 있다. 먼저, 첫 번째 숙련된 인력 대체에 대해 살펴보겠다. 관광산업에서 사용되는 대표적인 AI는 로봇인데, 여기서 로봇은 사회적 로봇 혹은 서비스 로봇이다. 즉, '고객과 상호작용

표 3.1_ 관광산업에서 로봇과 AI가 활용되는 사례

기능	활용 분야
인간-로봇 상호작용	로봇의 음료 서비스, 로봇의 배달 및 고객과의 상호작용, hospitality 기술 교육
지능적 대리인	챗봇, 호텔 서비스 자동화, AI를 통한 고객 서비스 및 의사소통
분석과 추천 시스템	음식 서비스 요구 예측, 전략적 마케팅
추론과 지식 representation	호텔 숙박객 선호도 및 빈도 예측, 전략적 마케팅
기획 및 통제	위험 또는 유해 상황의 대처를 위한 로봇 공학
자연언어 처리 및 이해	접대 인력의 최적화
지능적 운송시스템	로봇 배달

하고 의사소통하고 서비스를 제공'하는 자율적이고 적응력 있는 인터페이스로서 관광산업에서 정보를 제공하거나 사람들을 돕는다(Cain, Thomas, Alsonso Jr). AI는 제공된 정보의 합산을 넘어서 스스로 학습하고, 그에 따라 시간이 지나면 행위를 변화시키거나 시너지 효과를 낼 수 있는 정보체계이므로 사람들과의 상호작용을 통해 반응 및 행동 양식을 개선할 수 있다. 현재 AI를 통해 사용되는 로봇들은 포터, 배큠 청소부, 수화물 처리 등 비교적 단순한 업무부터 로봇 바텐더, 관광객에게 정보와 도움을 제공하는 가상 직원(virtual agent) 등에 이르기까지 다양하고 점점 그 활용범위가 넓어질 것으로 예상한다.

과거에는 로봇만으로 운영되는 호텔들의 사례가 언론을 통해 소개되기도 하였으나, 현재는 이것이 더 큰 화젯거리가 되지 않을 정도로 인공지능을 활용한 로봇들이 숙박업소에서는 널리 활용되고 있다. 세계적으로 중요한 로봇 제작 업체인 소프트뱅크 로보틱스(SoftBankRobotics)는 서비스 로봇인 '페퍼(Pepper)'와 그의 동생 격인 '나오(Nao)'를 세계적으로 25,000개 이상 판매하였으며 이와 같은 자동화 기기들은 호텔과 레스토랑에서 컨시어지, 웨이터 등의 업무를 수행한다(Daniel Belanche, Luis V. Casaló, Carlos Flavián). 호텔 하우스키핑 분야에서 사용되는 AI 기반 로봇들은 청소, 소독 등에서 사용되는데, 인력 절감 및 효율성 제고 등의 효과가 있다고 평가된다. 특히, COVID-19 이후에는 '소독'이 호텔에서 중요한 업무를 차지하면서 사람의 손이 닿지 않는 부분까지 소독할 수 있다는 점, 그리고 소독제의 독성으로부터 자유롭게 자주 소독 작업을 할 수 있다는 점 때문에 AI 기반 로봇이 점점 더 많이 활용된다. 또한, 배달 업무에서도 로봇 활용이 증가하고 있다. '휴버트(Hubert)'라 불리는 로봇이 호텔 내에서 배송 업무에 자주 활용되는데, 이것 역시 COVID-19 시대에 '언택트'가 더욱 중요해지면서 더욱 활용되는 경향이 있고 숙박객들이 긍정적 반응을 보이는 것으로 보고된다.

두 번째로 개별화된 서비스 제공에 대해 살펴보자. 관광산업에서 AI의 활용이 가장 두드러지는 분야는 아마도 개인의 특성과 취향을 반영한 관광 프로그램 구성을 들 수 있을 것이다. AI는 여행객이 제공하는 개인의 정보 하나하나를 기초로 그에게 최적화된 서비스를 예측하고 추천한다. 그 결과 여행사 이익의 최대화와 고객의 만족도 최상화를 동시에 구현할 수 있다. AI는 여행객이 검색했던 정보들을 분석한다. 여행지와 일정을 출발점으로 하여 호텔의 가격대, 비행기 표 가격대 등 여행객이 검색했던 정보들을 차례로 분석하고 축적한다. 이를 통해 여행객의 취향, 예산 범위, 식사 습관 등에 대해 예측할 수 있게 되어, 점차 여행객의 흥미에 가장 근접한 개별장소와 개별화된 프로그램 등을 제안할 수 있게 된다. 또한, 기존의 고객들이 제공하는 리뷰나 불평 등에 대한 정보들을 축적함으로써 이후의 여행객들에게 더 나은 서비스를 제공할 수 있다. 심지어 갑작스러운 날씨의 변화, 건강 컨디션의 변화에 따른 일정 조절 등 사전에 예측하기 어려웠던 일정 변화의 필요에 대해서도 AI는 축적된 정보를 기반으로 효과적으로 대처할 수 있다. 최근에는 사용자의 정보 분석을 통한 맞춤형 서비스의 범위가 더욱 확장된다. 사용자의 취향 분석에 따라 식단 조절은 물론이고, 호텔 방의 조도 및 온도, 욕실의 조도와 물의 온도 등에 이르기까지 맞춤형으로 자동조절되는 경우도 자주 발견된다. 이처럼 사용자의 정보 분석을 통한 맞춤형 서비스는 앞으로 그 범위가 더욱 넓어지고 세분화될 것으로 전망된다.

마지막으로 인터액티브 인터페이스 제공에 대해 살펴보자. 챗봇의 사용은 관광산업에서 특별히 매우 중요한 역할을 수행한다. 여행과 관광의 특성상 민원 사항은 24시간 내내 발생할 수 있으며, 날씨, 교통, 여행객의 건강, 여행 국가의 정치적, 사회적 사건 등에 의해 항상 예기치 않은 새로운 변동 상황을 마주해야 한다. 따라서 스태프진들이 잠자고 있는 순간에도 여행객들의 불만 사항 등 예기치 못한 민원 접수 사항들에 효과적으로 대처할 수 있어야 하며 늘 일정의 변동에 대해 대처할 수 있어야 한다. 이때 인터액티브 인터페이스는 매우 중요한 역할을 한다. 자연어 처리 기능이 발달한 챗봇은 여행객의 질문과 민원에 효과적으로 대처할 수 있으며, 정보처리에 기반한 추천 프로그램 서비스는 예측 불가능한 변동 상황 가운데에서도 관광의 만족도를 높이는 데 크게 기여한다. 또한, 발달된 AI 챗봇은 아마도 말동무가 필요한 여행객의 외로움을 달래줄 친구 역할도 할 수 있으리라 예상된다.

관광산업의 AI 활용 사례는 다른 문화산업 분야에서도 유사한 경향성을 가지고 발견된다. 즉, 단순 기능 등을 수행하던 숙련 인력을 효과적으로 대체할 뿐 아니라, 축적된 데이터를 기반으로 각 사용자의 특성에 맞는 정보 및 서비스를 제공함으로써 개별화된 서비스를 제공하고 인터페이스를 통해 시간과 장소에 구애받지 않고 서비스를 제공할 수 있다.

활동 1

|1| 문화산업 중 어느 분야에서 AI의 이용이 가장 많아질 것으로 예측하는가?

|2| 현재 AI가 사용되고 있는 산업 분야에서 AI의 역할이 가장 불만족스럽거나 결핍되어 있다고 여겨지는 것은 무엇인가?

|3| 박물관에서 인터랙티브 서비스를 경험해 본 적이 있는가? 어떤 서비스를 제공하면 관람객들이 즐거워할 것이라고 생각하는가?

|4| 레스토랑에 갔는데 AI로 작동하는 로봇이 서빙을 하는 것을 발견하였다. 당신은 어떤 기분일 것 같은가? 또한, 그 로봇에게 어떤 말을 하고 싶은가?

3장 참고문헌

- 포노 사피엔스 코드 Change 9, 최재붕, 쌤앤파커스, 2020.
- 2030 축의 전환, Mauro F. Guillén, 리더스북, 2020.
- Adorno, Theodore, Max Horkheimer., "The Culture Industry: Enlightenment as Mass Deception" Dialectic of Enlightenment, 1944.
- Belanche, Daniel, Luis V. Casaló, Carlos Flavián., "Frontline robots in tourism and hospitality: service enhancementor cost reduction?", 2020.
- Cain, Lisa Nicole., John H. Thomas, Miguel Alsonso Jr. "From sci-fi to sci-fact: the state of robotics and AI in the hospitality industry", Journal of Hospitality and Tourtism Technology, 2019.
- Flew, Terry., Cultural and Creative Industries, 2017.
- Freeman, Alan., Is Creation an Industry? A Constructive Critique of the Economics of the Cultural and Creative Industries, SSRN Electronic Journal DOI: 10.2139/ssrn.2074338, 2012.
- Kong, Lily., From cultural industries to creative industries and back? Towards clarifying theory and rethinking policy, Inter-Asia Cultural Studies, 2014.
- Taylor, Calvin., Between Culture, Policy and Industry: Modalities of Intermediation in the Creative Economy, Regional Studies, 2015.
- Witkin, Robert W., Adorno on Popular Culture, Routledge, 2003.
- Culture and Creativity.
- https://medium.com/vsinghbisen/ai-in-media-and-entertainment-industry-application-use-cases-d4afb6f5cde8
- https://phrazor.ai/blog/applications-of-ai-in-the-media-entertain

ment-industry

- https://www.bbntimes.com/society/artificial-intelligence-in-media-entertainment-industry
- https://programminginsider.com/top-9-ways-ai-is-transforming-the-media-entertainment-industry

4장

AI와 뇌과학

1. 뉴런을 통한 신경소통

우리의 몸은 음식물 소화와 같은 한 가지 작업을 수행하기 위해 여러 종류의 기관들이 협동한다. 이것을 하나의 단위체로 보아 기관계라 하며, 이는 체벽계, 골격계, 근육계, 소화계, 호흡계, 순환계, 배설계, 신경계, 감각계, 내분비계, 생식계, 면역계로 구성되어 있다. 이런 기관계들이 담당하는 것을 보면, ① 체액의 운반은 심혈관계와 림프계가, ② 신체의 유지(보존)는 소화계, 호흡계, 배설계가, ③ 통합과 조절은 신경계와 내분비계가, ④ 감각수용과 운동 반응은 피부계, 골격계, 근육계가, ⑤ 생식은 생식계가 담당하고 있으며, 이들 모든 기관계는 항상성에 기여하는 기능을 한다. 이와 같이 우리 몸의 통합과 조절은 신경계와 내분비계의 두 가지 주 조절계가 담당하게 되는데, 신경계(중추신경계와 말초신경계)는 신경세포들에 의해 이루어지는 소통을 말하며, 내분비계는 호르몬들에 의해 이루어지는 소통이다. 즉, 신경세포를 통한 신경소통의 원리(principle of neural communication)는 신경세포의 감각 수용기(전문화된 수상돌기)가 받은 자극을 감지하면, 전기적 신호로 바뀐 신경충격(신호, 흥분, 신경자극 또는 활동전위)이 수상돌기와 세포체에서 발생하여 긴 가닥의 축삭을 따라 전도된다. 축삭의 말단에 분지된 부위는 다른 세포로 신호를 전하는 시냅스를 형성한다. 대부분의 시냅스들은 신경전달물질이라는 화학전달물질을 이용하여 신경세포와 표적세포 간의 정보를 전달한다. 이러한 신경충격이 중추신경으로 전도 및 전달되고 중추신경은 자극에 대한 반응을 내보낸다.

1-1 신경계 구성 세포

뇌를 포함하는 신경계는 신경세포와 신경교세포라는 두 가지 세포로 구성되어 있다. 신경세포(nerve cell 또는 뉴런(neuron))는 메시지를 생성 및 전달하는 흥분세포로 전기화학적 충격을 상당한 거리까지 전도 전달할 수 있도록 특수 분화된 세포이며, 근육, 심장, 소화기관 같은 모든 기관의 기능조절, 생각, 기억, 상상하는 등의 복잡한 정신활동까지도 관장한다. 신경교세포(neuroglia cell 또는 교세포(glia))는 신경세포를 보호, 지지 및 신경세포에 성장인자를 제공한다. 뇌 속 세포의 90%는 신경세포가 아니라 신경교세포이다. 많은 숫자에도 불구하고 신경교세포들은 신경세포와는 달리 많은 가지를 가지고 있지 않으므로 뇌 부피 중 약 절반만 차지한다.

신경세포와는 달리 신경교세포들은 신경충격을 만들거나 전달하지는 않지만, 화학적 신호를 이용해 신경세포 또는 다른 신경교세포들과 소통한다. 최근 신경교세포들이 역동적으로 여러 중요한 역할을 하고 있음이 밝혀졌다. 신경교세포들은 물리적으로, 대사적으로, 기능적으로 신경세포들을 지탱하는 데 도움을 준다. 즉, 신경세포들이 정상적으로 기능할 수 있는 범위 내로 유지될 수 있도록 항상성을 조절한다. 나아가 능동적으로 시냅스 기능을 조절하기도 하며 학습과 기억에서 신경세포 못지않은 중요한 역할을 하는 것으로 여겨진다. 이러한 신경교세포는 말초신경계 내에서 축삭을 감싸는 물질인 미엘린(myelin)을 생산하는 슈반세포(Schwann cell)와 중추신경계에서 역할이 서로 다른 4가지 유형의 세포로 성상세포, 휘돌기교세포, 소신경교세포, 뇌실막세포가 있다.

성상세포(astrocyte 또는 별아교세포)는 중추신경계에서 뉴런과 모세혈관 사이의 수분, 이온 전달, 또는 장벽(brain-blood barrier, BBB) 역할로 뇌혈관 사이에서 유해 물질이 쉽게 뉴런으로 못 들어오도록 한다. 모든 세포는 거의 혈관과 직접 닿아 있으나 신경세포는 중요하고 여과, 전달, 보조 장치가 필요한데, 이 세포가 일종의 장벽 역할로 가로막기보다는 한 번 체크해주는 역할을 한다. 휘돌기교세포(oligodendrocyte 또는 희소돌기아교세포)는 중추신경계에서 축삭을 감싸는 미엘린을 생산하는 세포이다. 즉, 말초신경계의 슈반세포와 같은 역할을 한다. 소신경교세포(microglia 또는 미세아교세포)는 중추신경계의 면역 방어 세포(포식작용)이다. 과학자들은 소신경교세포가 활성화되면 필요 이상의 파괴적 화학물질들이 분비되고, 이것이 오히려 소신경교세포가 보호하고자 하는 신경세포들을 공격하여 뇌졸중, 알츠하이머형 치매, 다발성경화증, AIDS성 치매 및 그 외 여러 퇴행성 신경질환들에서 발견되는 악성 신경 손상을 일으키는 데 일조할 것으로 의심하고 있다. 신경세포의 기원은 외배엽이지만 이러한 소신경교세포는 중배엽에서 기원한다. 따라서 면역세포 중 한 부류로 기원이 다르다. 뇌실막세포(ependymal cell 또는 뇌실벽세포)는 세포액체로 채워진 중추신경계 내부 공간(뇌실)의 벽면을 이루는 세포로 뇌척수액의 생성에 관여한다.

모든 뉴런은 기본적으로 동일한 구성요소와 구조를 가지며, 작동방식 또한 동일하다. 주요 구성요소를 가진 뉴런은 수상돌기, 세포체, 축삭, 수초, 란비에르결절로 구성된다(그림 4.1).

신경세포의 세포체에서 뻗어 나온 안테나 모양의 가는 돌기 구조물들을 수상돌기(dendrite)라 한다. 수상돌기는 다른 뉴런으로부터 정

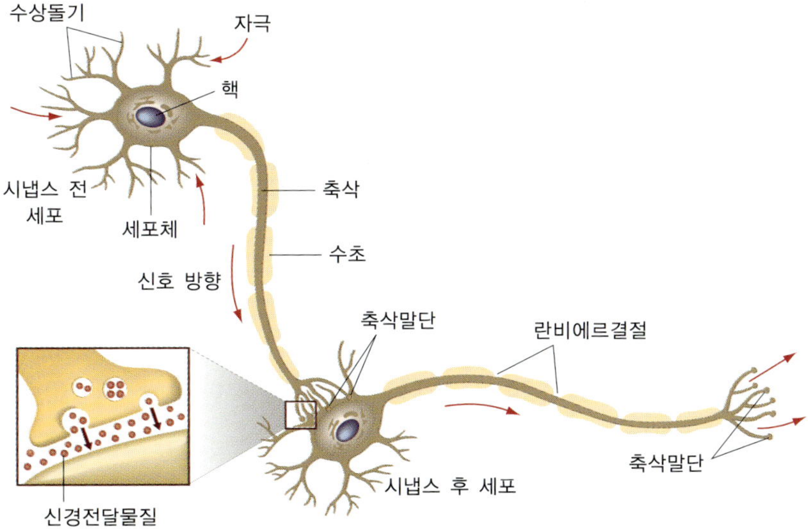

그림 4.1_ 신경세포(뉴런)의 구조

화살표는 신경세포 내로, 신경세포를 따라서, 신경세포 밖으로 향하는 신호의 흐름을 보여준다. 세포들은 시냅스를 기준으로 시냅스 전, 시냅스 후 세포이다.

보를 받아들이고, 받아들인 정보를 세포체로 전달한다. 세포체(cell body)는 세포의 핵과 소기관을 포함하며, 가는 돌기들인 여러 수상돌기들이 나 있고, 하나의 굵은 돌기인 축삭이 나와 있다. 세포체는 수상돌기로부터 받아들인 정보를 다른 뉴런에 전달할 것인지 말 것인지를 결정한다. 전달해야 하는 것으로 결정되면, 축삭을 따라 그 정보를 전달한다. 축삭(axon 또는 축색)은 세포체에서 길게 뻗어 나온 세포질이며 신경섬유(nerve fiber)라고도 부른다. 축삭의 끝은 여러 개의 축삭말단(axon terminal 또는 시냅스 말단, 축색돌기, 종말단추)으로 나뉜다. 축삭은 하나의 길고 관으로 된 돌기로 세포체로부터 멀리 축삭말단까지 활동전위를 전도시키는 뉴런의 전도 구역으로 정보가 다음 신경세포로 전달되도록 한다. 축삭은 아주 짧은 것에서부터 척수에서 발가락 끝까지 가는 아주 긴 것까지 길이가 천차만별이다. 말과 같이 큰 동물은 지름 2~3μm, 길이 1~2m 정도로 생각보다 길다. 축삭말단은 신경전달물질(흥분전달물질)이 방출되어 가까이 있는 다른 많은 신경세포에 동시에 영향을 준다. 이것은 뉴런의 출력구역이다. 수초(myelin sheath 또는 말이집)는 축삭을 둘러싸고 있는 지질 성분이다. 미엘린으로 형성되며 실제로 뉴런의 구조 속에는 있으나 뉴런과는 별개의 세포이다. 신경교세포인 슈반세포가 말초신경계의 뉴런 축삭을, 휘돌기교세포가 중추신경계의 뉴런 축삭을 덮어 각각의 절연성 수초를 형성한다. 수초에 둘러싸이지 않고 노출되어있는 부분을 란비에르결절(Ranvier's node 또는 신경원 섬유질)이라 하며, 신경충격의 전도에 중요한 역할을 한다. 수초로 덮여 있는 신경을 유수신경(myelinated neuron)이라 하며, 유수신경 섬유에서는 신경충격(활동전위)이 축삭의 수초화된 부분을 건너뛰어 란비에르결절에서 란비에르결절로 도약 전도(saltatory conduction)되어 같은 크기의 유수신경섬유는 무수신경섬유보다 신경충격의 전도가 약 50배 빠르다. 수초가 손상되면 심각한 문제가 발생한다. 다발성경화증이라는 질환의 경우 이런 문제가 발생한다. 이 질병은 중추신경계(뇌실 주변의 백색질 및 척수)의 축삭의 수초 손상으로 발생한다. 즉, 면역세포가 수초를 파괴하는 자가 면역질환으로 이 병에 걸리면 신경 반응이 축삭을 따라 전도되는 속도가 느려진다. 그 결과 몸을 자유자재로 놀릴 수 없게 된다. 아직까지 이 병을 치료하는 방법은 없다.

신경계 구성 세포들의 일반적 구조(성)를 알아보았고, 기능적 분류에 따른 세 가지 신경세포의 유형에 대해서는 2절의 신경계의 구성에서 논할 것이다. 이제 신경세포의 주된 기능인 정보전달이 어떻게 이루어지는지 살펴보자.

1-2 신경세포의 신호전달 방식

신경세포 내의 신호전달은 전기적 반응이 생성되어 축삭을 따라 전도된다. 그러나 신경세포 간 신호전달은 화학적 반응으로 이루어진다. 신경세포와 신경세포는 서로 붙어 있지 않고 아주 미세한 간격을 두고 떨어져 있다. 이 공간을 뛰어넘는 신호전달은 화학물질의 이동으로 이루어진다. 이제 신경세포의 주된 기능인 정보전달이 전기적 또는 화학적으로 이루어지는 신호전달 방식을 살펴보기로 하자.

① 신경충격의 전도

뉴런을 통한 자극에 대한 정보이동은 전기적 신호로 바꾸어 이동된다. 이러한 전기적 변화의 신호 이동을 신경충격(nerve impulse)의 전도(conduction)라 한다. 왜 뉴런에서 자극에 대한 정보이동이 전기적 신호일까? 뉴런을 포함한 모든 세포막은 이온에 대해 투과성이 다르므로 세포 내·외의 이온 구성이 다르다. 또한, 세포막에는 특정 이온을 세포막의 한쪽에서 다른 쪽으로 ATP에 의해 능동적으로 수송할 수 있다. 세포들로부터 능동수송으로 활발하게 수송되는 이온 중의 하나는 나트륨 이온(Na^+)이다. Na^+이 세포 밖으로 수송되는 동시에 K^+이 안정한 상태의 세포 내로 수송된다. 그러나 세포 내로 수송되는 K^+보다 더 많은 Na^+가 세포 밖으로 수송된다(이것을 미세전극에 의한 뉴런의 전기적 성질로 확인하였다).

정상적이고 안정된 상태의 세포는 양으로 하전된 Na^+이 세포의 내부보다 외부에 더 많이 있으므로 약하지만 측정할 수 있는 전압이 세포의 얇은 막을 가로질러 존재한다.[1] 즉, 세포가 활동하지 않고 있는 상태에서 세포막의 내부와 외부의 전압 차이는 약 70mV의 막 전위차가 발생하며 이를 휴지전위(resting potential)라 한다. 세포막의 양면은 전지가 양극과 음극으로 나뉜 것처럼 분극(polarization) 되어있다. 안정 상태의 뉴런에서 세포막의 외부는 양극을 내부는 음극을 띠고 있다. 이와 같은 전위차 발생 요인은 세포막의 이온의 선택적 투과성, 능동수송 등에 의한 농도구배의 결과로 이온 농도차가 다르기 때문이다.

세포막의 특정 부위에서 세포가 자극될 때 세포막의 투과성이 변해서 Na^+가 세포막을 통과하여 세포 밖에서 세포 안으로 들어온다. 그렇게 되면 세포막은 탈분극(depolarization)되어 Na^+이 세포 바깥쪽에서 안쪽으로 확산되어 들어옴에 따라 전하 차이가 줄어든다. 초기에 Na^+은 세포 내부보다 외부에 고농도로 집중되어 있으므로 Na^+이 세포 밖에서 안으로 확산되어 들어온다. 세포막의 투과성이 더욱 커지게 되면 Na^+은 농도가 낮은 세포 내부로 확산되어 들어갈 수 있게 된다. 세포막의 한 지점에서 일어난 탈분극은 인접한 부분의 투과성도 변화시켜 탈분극시킨다. 따라서 탈분극은 뉴런의 길이를 따라 한쪽 끝에서부터 다른 쪽 끝으로 흘러가게 된다(그림 4.2). 뉴런의 특정 부위를 따라가는 탈분극과 신경충격의 이동은 순간적인 사건이다. 막의 한 부분이 탈분극되자마자 K^+은 세포 밖으로 확산된다. 그 결과 원

1 전압(voltage)은 두 지점 혹은 두 물체 사이에 존재하는 전하 차이를 측정한 것이다.

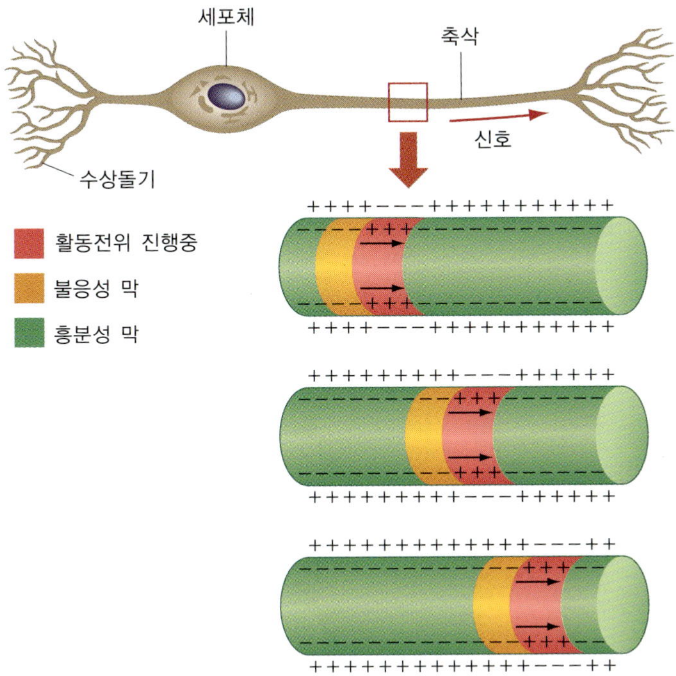

그림 4.2_ 신경충격

신경세포가 자극을 받으면 Na^+이 세포막을 통해 세포 안으로 흘러들어오기 때문에 세포막 일부가 탈분극된다. 이 현상은 인접한 세포막의 탈분극을 조장하여 잠시 후 탈분극되게 한다. 이러한 방식으로 탈분극의 파동은 신경세포의 길이를 따라 전도된다. 세포막 일부분이 탈분극되고 잠시 후에 이온의 균형이 이루어진다. 세포막은 재분극 되어 다시 자극에 대비한다.

래의 분극 상태로 되돌아가면 그 막은 재분극(repolarization) 되었다고 한다. 계속해서 Na^+을 세포 밖으로 내보내고 K^+을 세포 안으로 끌어들이는 연속적인 능동수송은 세포의 양면에 원래의 이온 농도를 다시 재생한다. 신경충격이 축삭돌기의 말단 부위에 닿으면, 어떤 분자가 분비되게 자극되며 그 분자는 연쇄적으로 인접한 다음 뉴런을 자극하여 탈분극시킨다.

이상을 요약하면, 뉴런 내에서 자극에 대한 신호, 즉 흥분 전도의 원리는 탈분극이 일어나 Na^+이 세포 안쪽으로 확산될 때, 인접 부위의 Na^+ 투과성이 증가하여 활동전위(action potential)가 인접 부위에서도 발생하게 된다. 이처럼 활동전위가 뉴런을 따라 계속 발생하면서 이동하는 것이 뉴런의 흥분 전도 원리이다.

② 시냅스 전달

신경자극은 뉴런의 축삭말단의 끝에 다다를 때까지 이동한다. 그러나 축삭말단은 다음 뉴런들과 직접적으로 연결되지 않는다. 대신에 시냅스 간극(synaptic gap)이라고 하는 10~20nm 폭의 좁은 시냅스 틈이 축삭말단의 끝과 다음 신경자극을 전달받을 표적이 되는 뉴런 사이에 자리하고 있다. 한 뉴런의 축삭말단이 다른 뉴런의 수상돌기에 접촉하게 되는 부분을 시냅스(synapse)라고 한다. 시냅스의 축삭말단 쪽에 있는 세포막은 시냅스 전 뉴런(presynaptic neuron)에 속한다. 시냅스의 자극을 받아들이는 쪽에 있는 세포는 시냅스 후 뉴런(postsynaptic neuron)이라고 한다. 중추신경계의 회백질 또는 말초신경계의 신경절에 존재하며, 한 가닥의 신경섬유는 갈라져서 다수의 신경세포와 시냅스 결합을 하기도 하고, 또는 하나의 세포체에는 다수의 섬유로부터의 분지가 시냅스 결합하여 신경회로망을 형성한다.

신경자극이 축삭말단의 끝에 도달할 때, 그 명령이 지속되기 위해서라면 신경자극은 반드시 시냅스를 거쳐야 한다. 이 명령은 절대로 시냅스를 건너뛸 수 없다. 대신에 그것들은 신경전달물질이라고 하는 화학적인 전달자에 의해서 시냅스를 가로질러 운반된다. 이러한 화학물질들은 축삭말단의 끝에 있는 아주 작은 주머니 또는 소포 안에 싸여 있다. 신경자극이 축삭말단의 끝에 도달하면 이는 [그림 4.3]과 같이 주머니 안의 화학물질들을 시냅스로 방출하게 만든다. 신경전달물질은 시냅스 간극을 가로질러 확산되고, 시냅스 후 세포막 안의 수용기와 결합한다. 그 신호는 결합된 신경전달물질이 시냅스 후 세포로 이온이 들어가 세포막을 가로질러 전하량에 변화를 주도록 하는 특별한 이온 채널을 열면 시냅스 후 뉴런을 통과시킨다. [그림 4.3]의 확대 사진에서 Na^{+}과 같은 이온(초록색)이 어떻게 통로를 열고 세포로 들어가는지를 보여주고 있다. 이러한 통로들은 화학적인 자극을 받을 때 열리기 때문에 화학적 개폐라고 한다. 여기서 우리가 알아야 할 한 가지는 수상돌기는 화학물질을 분비하지 않기 때문에 수상돌기에서 축삭 쪽으로 활동전위되지 않으므로 시냅스는 신경충격을 오직 한 방향으로만 전파되도록 밸브 역할을 한다는 것이다.

이 모든 현상은 왜 일어나는 것일까? 왜 뉴런은 직접적으로 한 번에 전달할 수 없을까? 한 예로, 집에 있는 전선들이 한 번에 연결되어 있지 않은 대신 주 스위치에 의해 분리되어있는 것을 들 수 있다. 스위치 하나를 켰을 때, 집에 있는 불이 전부 켜지고 토스터가 데워지며 텔레비전이 켜지는 것을 원하지 않을 것이다. 만약, 몸의 모든 뉴런이 다른 모든 뉴런과 연결되어있다면, 몸의 다른 부분이 동시에 움직이지 않는 한, 손을 움직일 수 없을 것이다. 시냅스는 신경계의 스위치를 조절한다. 그러나 조절 스위치는 반드시 어느 지점에서 신경전달물질의 제거로 인해 꺼지거나 또는 시냅스 후 뉴런이 활동전위의 작동을 지속시키도록 해야 한다. 몇몇 경우에는 신경전달물질 분자들은 시냅스로부터 분산되어 있다. 다른 경우, 신경전달물질은 시냅스 전 뉴런에 의해 재흡수 되거나 시냅스 간극에서 분해된다.

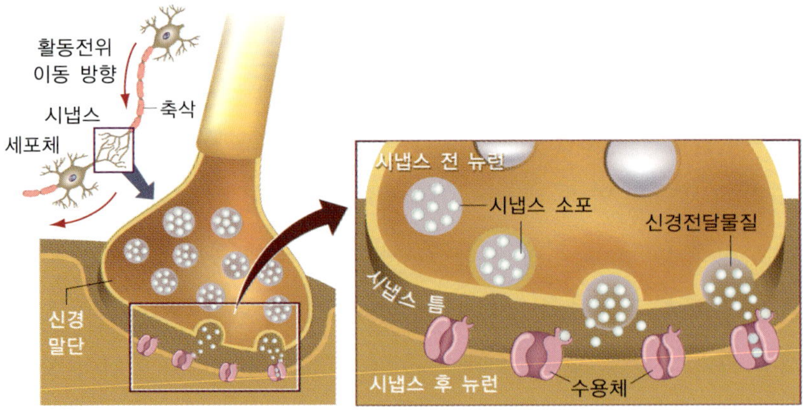

그림 4.3_ 시냅스의 구조와 기능

축삭말단에 활동전위가 도달→시냅스 소포와 시냅스 막이 융합→소포 속의 신경전달물질(acetylcholine, ACh)이 시냅스 틈에 분비→축적→ACh가 시냅스 후 신경의 막의 수용체와 결합→이온에 대한 투과성 증가→막의 내·외 전위차가 감소→활동전위 발생. 시냅스를 적당하게 조절하기 위해서는 시냅스에 분비되었던 신경전달물질이 신경충격을 끝내자마자 더 지속적인 자극을 없애기 위해 제거되어야 한다. 그렇지 않으면 신경은 여러 번 자극하게 되기 때문이다. 즉, ACh를 분해하는 acetylcholinesterase가 작용하여 조절한다.

1) 신경전달물질

신경전달물질(neurotransmitter)은 신경계에서 뉴런과 뉴런 사이나 뉴런과 근육 사이의 메시지를 전달하는 화학물질이다. 신경전달물질은 뉴런에 세 가지 방식으로 작용한다. 촉진제 역할을 하거나 억제제 역할을 하거나 조절제 역할을 한다. 우리는 신경전달물질의 활동을 통해 생각하고, 감각을 느끼고, 주위 환경과 적절하게 작용한다. 몇몇 종류의 신경전달물질은 여러 종류의 세포에 다양한 효과를 제공한다.

대부분의 신경전달물질은 아미노산(glutamate, glycine, GABA), 아민(acetylcholine, norepinephrine & epinephrine, dopamine, serotonin, histamine), 펩티드(β-endorphin, somatostatin, substance P) 등 다양한 형태가 존재한다. 일반적으로 알려진 몇 가지 신

경전달물질만을 살펴보기로 하자.

GABA(gamma-aminobutyric acid)는 뉴런의 지나친 활동을 억제하여 불안, 의기소침, 두려움, 스트레스를 해소시켜주는 주된 억제성 신경전달물질이다. 이 억제 효과는 다른 뇌 기능과 신체 움직임의 신경성 조절에 매우 중요하다. 흥미롭게도 약물인 디아제팜(발륨)은 수용체에 GABA의 결합을 향상시켜 진정제 및 기타 효과를 일으킨다.

아세틸콜린(acetylcholine, Ach)은 뉴런과 근섬유 사이에 형성한 시냅스인 신경근 접합부에서 방출되는 신경전달물질이다. 아세틸콜린은 골격근과 함께 흥분 시냅스를 형성하지만, 억제 시냅스를 만드는 심근과는 반대의 효과를 가진다. 중추신경계에서는 인지 기능에 중요한 역할을 한다. 알츠하이머 치매에도 관련이 있다고 알려져 있다.

노르에피네프린(norepinephrine)은 화를 내거나 긴장할 때 분비되며, 에피네프린(epinephrine)은 공포를 느낄 때 분비되어 이들은 주로 자율신경계에 관여한다. 우리가 스트레스를 받더라도 긍정적으로 생각하면 베타 엔도르핀이 분비되고, 부정적으로 생각하면 노르에피네프린이나 에피네프린이 분비된다. 노르에피네프린이나 에피네프린이 분비되면, 이것을 억제하는 세로토닌이 분비되어 길항작용을 한다.

도파민(dopamine)은 성취감을 느낄 때 쾌감을 주는 신경전달물질로 의욕이 지나치게 넘쳐서 과다 분비되면 에너지 고갈로 일찍 죽을 수 있고, 적게 분비되면 파킨슨병이나 치매에 걸릴 수 있다. 신체 움직임을 조절하는 데 중요하다.

세로토닌(serotonin)은 수면 조절 및 기타 마음의 평화를 주는 정서 상태에 관한 일을 한다. 이에 비해 부족하면 우울증이나 불안증을 유발하기 쉽다.

히스타민(histamine)은 대사작용, 체온조절, 수분조절을 하는 신경전달물질이다.

베타 엔도르핀(β-endorphin)은 감동하였을 때 기쁨을 느끼게 하는 신경전달물질이다. 통증을 완화시키는 진통 효과가 있으며 노화를 방지하고 면역력을 높여준다.

활동 1

| 1 | 신경이 클수록 전달 속도가 더 빨라지는가?

| 2 | 술을 먹으면 왜 불안감이 사라지는가?

| 3 | 신경충격의 원리에 대해 토론하시오.

| 4 | 신경전달물질의 작용 원리에 대해 토론하시오.

2. 신경계의 구성

신경계는 내분비계와 더불어 양대 신체 조절체계를 구성한다. 신경계는 뇌와 척수로 구성된 중추신경계와 뇌와 척수 이외의 온몸에 퍼져 있는 말초신경계로 구성된다. 말초신경계는 감각 수용기, 근육, 내분비샘을 중추신경계와 연결시키는 일을 맡고 있다. [그림 4.4]는 신경계의 기능적 계층을 구분한 모식도이다.

신경계의 구성단위인 신경세포는 기능적으로 세 가지 유형의 뉴런이 상호작용하는 흥분성 세포의 회로망 복합체를 구성한다(그림 4.5). 말초신경계의 구심성 구역은 구심성 뉴런(afferent neuron)으로 구성되는데, 이들은 원심성 뉴런이나 연합 뉴런과는 그 모양이 다르다. 일반적으로 구심성 뉴런의 말초 부위에는 감각 수용기가 있으며 이를 통해 특정 자극에 대한 활동전위가 생성된다. 구심성 뉴런의 세포체는 수상돌기가 없고 시냅스 전 입력도 받지 않으며, 척수 옆에 위치한다. 구심성 뉴런은 주로 말초신경계에 위치하지만, 중앙 축삭말단 부위가 척수로 들어가 말초 신호를 중추신경계로 전달한다. 원심성 뉴런(efferent neuron) 또한 주로 말초신경계에 위치한다. 하지만 원심성 뉴런의 세포체는 중추신경계에 위치하는데, 여기서 중추신경계의 여러 시냅스 전 입력들이 원심성 뉴런의 세포체로 수렴되어 효과기 기관으로 가는 원심성 뉴런의 출력에 영향을 준다. 원심성 뉴런의 축삭은 중추신경계에서 나와 근육이나 분비샘에 도달하여 종합된 최종 출력을 전달함으로써 이들 효과기 기관이 적절히 반응하도록 한다. 신경계를 구성하는 뉴런의 99%는 연합 뉴런(interneuron)인데, 이들은 모두 중추신경계에 위치한다. 인간의 중추신경계에는 1,000억 개

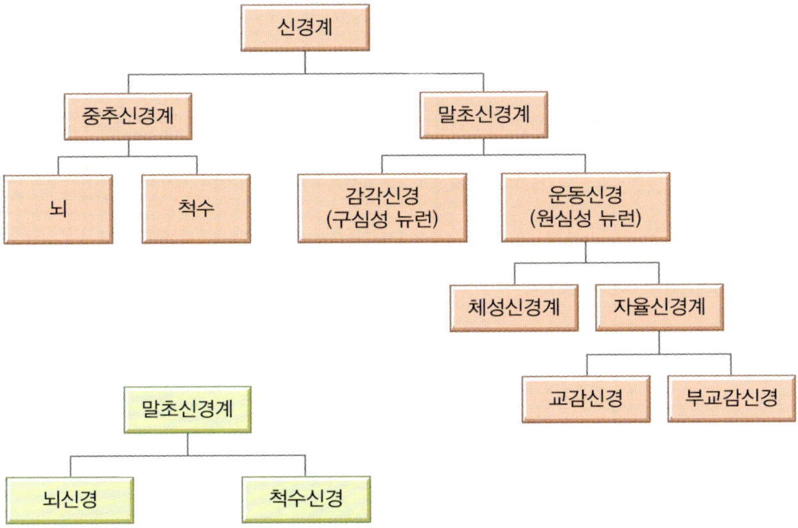

그림 4.4_ 신경계의 기능적 계층

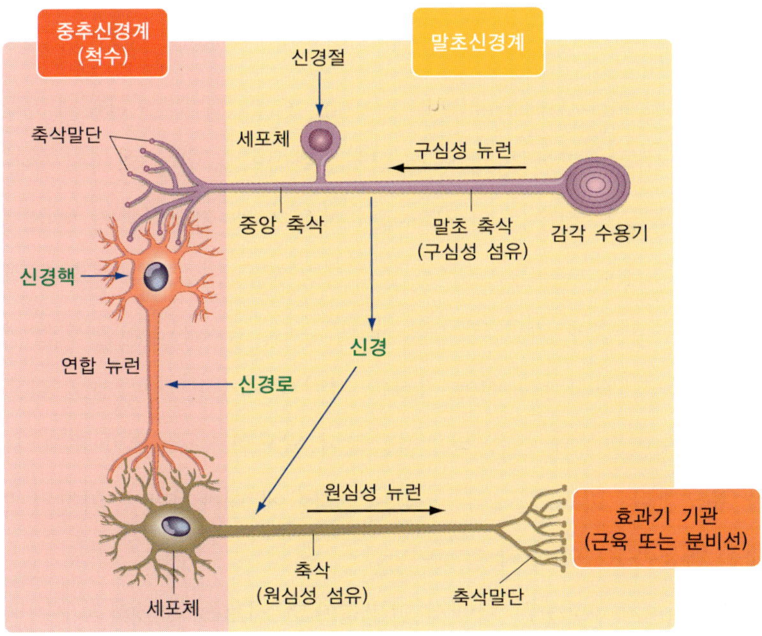

그림 4.5_ 기능적 분류에 의한 뉴런의 구조와 위치

이상의 연합 뉴런이 있는 것으로 추산된다. 구심성 뉴런과 원심성 뉴런 사이에 위치하여 말초 정보를 종합하여 적절한 말초 반응을 유도하는 데 중요한 역할을 한다. 연합 뉴런은 뜨거운 물체를 만질 때 구심성 뉴런을 통해 들어온 정보를 종합해서 원심성 뉴런에 신호를 전달해 손과 팔의 근육이 '손을 움츠려라'라는 명령을 수행하도록 한다. 요구되는 반응이 복잡할수록 구심성 정보와 원심성 명령 사이에서 작용하는 연합 뉴런의 숫자는 더 많아진다. 더 나아가 연합 뉴런 간의 상호연결로 생각, 감정, 기억, 창의력, 지능, 동기 등과 같은 마음과 관련된 추상적인 현상들이 나타난다. 이러한 추상적인 뇌의 활동들은 신경계에서 아직 잘 이해되지 않는 부분이다.

2-1 중추신경계

중추신경계(central nervous system, CNS)의 뇌는 단단한 두개골과 여러 겹의 뇌막에 싸여 있는 뇌척수액이라고 하는 액체에 둥둥 떠 있는 형상이며, 척수는 뇌 자락에서 목을 통해 엉덩이까지 뻗어 있고 척추골에 의해 보호되고 있다. 중추신경계는 구심성 뉴런을 통해 내부와 외부 환경에 관한 정보를 전달받는다. 중추신경계는 이들 정보를 처리하여 원심성 뉴런에 적절한 지령을 내리고, 원심성 뉴런은 이 지령을 분비샘이나 근육으로 전달하여 필요한 반응(분비 또는 운동)을 유도한다. 이번 절에서는 척수의 역할에 대해서만 논의하고 뇌에 대한 내용은 3절에서 다룰 것이다.

척수(spinal cord)는 뇌에서 양방향으로 정보를 전달하는 신경섬유들의 집합체이다. 척수는 두 가지 주요 기능을 수행한다. 첫째는 뇌와 신체 다른 부위 간의 정보전달을 중간에서 연결해 주는 역할로 감각 기관을 통해 들어오는 감각 정보를 받아들이고 체내의 근육으로 내려가는 운동 명령을 내보내는 통로의 기능이다. 이 때문에 척수가 손상되면 사지가 마비되며 호흡곤란을 일으키기도 한다. 척수의 두 번째 기능은 척수 반사(spinal reflex)이다. 뇌의 관여 없이 구심성 입력과 원심성 출력 사이에서 반사 반응을 완성하는 기능이다. 무릎을 두드리면 정강이가 앞으로 들리는 반사 활동에는 감각신경과 운동신경만 관여한다.

2-2 말초신경계

말초신경계(peripheral nervous system, PNS)는 중추신경계와 인체의 다른 부위(말초) 사이에서 정보를 전달하는 구심성 뉴런과 원심성 뉴런으로 구성된다. 즉, 말초에서 보이는 모든 신경과 신경절(ganglion)이 말초신경계를 구성하는 주요 요소이다. 말초신경계의 구심성 구역(afferent division)은 말초 신호들을 감지하고 암호화한 신호들을 중추신경계로 전달함으로써 중추신경계가 내부 또는 외부 환경에 대한 정보를 알게 한다. 중추신경계로부터의 지령은 원심성 구역(efferent division)을 통해 근육이나 분비샘과 같은 효과기 기관으로 전달되어 필요한 반응을 유도한다. 따라서 정보 수집은 감각신경을 통해서 이루어지고 명령 전달은 운동신경을 통해 이루어진다.

기능적으로 말초신경계는 체성신경계와 자율신경계로 나누어진다. 체성신경계는 원심성 구역의 골격근과 연결된 운동신경들의 섬유로 구성되어 있다. 자율신경계는 평활근, 심장근, 분비샘들에 의해 연결된 신경섬유로 구성된다. 중추신경계는 체성신경계와 자율신경계 두 가지 모두에게 명령을 내린다. 그러나 단지 자율신경계의 명령만을 의식한다. 체성신경계는 말단을 자극하거나 자극하지 않을 수 있지만, 억제하지는 못한다.

한편, 해부학적으로는 말초신경계를 척수신경과 뇌신경으로 구분할 수 있다. 척수신경(spinal nerve)은 척수와 신체 각 부분을 연결시켜 주는 신경들로서, 인간의 경우에는 31쌍의 척수신경이 있다. 뇌신경(cranial nerve)은 주로 머리 부분이나 내장 기관을 직접 뇌로 연결시켜 주는 신경들로 12쌍으로 되어있다.

① 체성신경계

체성신경계(somatic(voluntary) nervous system, SNS)의 운동뉴런은 골격근을 수축시키기거나 운동을 조절 및 통제하여 반응이 일어나게 한다. 신경세포체는 중추신경계에 위치하고 축삭말단은 골격근에 뻗어 있는 구조를 갖는다. 따라서 중추신경계와 연결된 한 개의 뉴런이 반응기와 한 번에 연결되어 있다. 또한, 축삭돌기가 수초로 둘러싸여 있기 때문에 도약전도가 일어나 자율 신경보다 흥분의 전달 속도가 빠르다. 뇌에서부터 신호를 받아 골격근으로 전달하는데, 이때 신경 말단에서 아세틸콜린이 분비되며 근육이 수축하게 된다.

체성신경계는 주로 대뇌의 지배를 받아 의식적인 사고에 의해 조절될 수 있는 신경이다. 예를 들어, 손이 움직일 수 있도록 명령을 내릴 수 있다. 그러나 모든 체성신경이 항상 대뇌의 지배를 받는 것은 아니다. 의지, 대뇌의 개입이 필요 없을 때, 판단 후 반응을 생성할 시간이 없을 때, 순식간에 즉각적으로 일어나는 상황에서 발생하는 무의식 반응인 반사(reflex)도 체성신경계가 관여한다(중추와 반응기 사이에 운동뉴런이 한 개로 구성되면 체성신경계). 반사는 대뇌와 관계없이 위험으로부터 본능적으로 우리 몸을 보호하는 무조건 반사와 자극에 대한 과거의 경험을 대뇌가 기억하기 때문에 나타나는 조건 반사가 있다. 무조건 반사는 척수 반사(무릎 반사, 뜨겁거나 날카로운 물체에 닿을 때 등), 연수 반사(재채기, 하품, 딸꾹질, 침 분비, 눈물 분비, 구토 등), 중뇌 반사(동공 크기 조절), 간뇌 반사(항상성 조절)가 있다. 무조건 반사의 반응 경로는 자극이 감각기관의 감각신경을 통해 반응 중추(척수, 연수, 중외, 간뇌)에 전달되고 운동신경을 통해 운동기관의 반응으로 나타난다. 조건 반사는 신 음식을 생각만 해도 침이 고이는 현상, 사나운 개를 보면 몸이 움츠러드는 현상 등이다. 즉, 자극에 대한 과거의 경험을 대뇌가 기억하기 때문에 나타나는 무의식적인 반응으로 반응 경로는 자극이 감각기관의 감각신경을 통해 반응 중추(대뇌)에 전달되고, 운동신경을 통해 운동기관의 반응으로 나타난다.

② 자율신경계

몇몇 운동신경세포는 잠을 잘 때도 항상 활동적이다. 이러한 신경세포는 몸이 활동적이지 않을 때조차도 중추신경계로부터 메시지를 받고, 자율신경계(automatic(involuntary) nervous system, ANS)를 만든다. 자율적이라는 것은 본인도 모르게 한다는 의미이다. 자율신경계는 동물성 알림 없이 일하는 근육과 분비샘으로 메시지를 보낸다.

자율신경계는 몸의 항상성을 유지하기 위해 중추신경계에 의해 사용되는 명령 네트워크이다. 이것을 사용하여 중추신경계는 심장박동을 조절하고 혈관 벽 안의 근육 수축을 조절한다. 이것은 혈압, 숨쉬기, 소화계를 통해 음식을 이동시키는 것을 조절하는 근육과 직접 닿아 있다. 또한, 눈물, 점액, 소화효소를 분비하기 위한 분비샘 자극을 돕는다.

자율신경계는 해부학적으로나 기능적으로 하나의 것에 반작용하는 서로 다른 두 개의 신경계로 분류된다. 한 가지는 교감신경계로써 비상시에 두드러진다. '싸움 도주 반응', 증가하는 혈압, 심박 수, 호흡, 혈류량을 조절한다. 교감신경계는 [그림 4.6]에서 파란색으로 표시되었고, 척수의 오른쪽에 있는 신경절로 불리는 신경세포 몸체 덩어리의 척수로부터 뻗어 나온 짧은 운동 축삭돌기의 네트워크로 구성된다. 신경절로부터 확장된 긴 운동신경세포는 기관을 목표로 삼는다. 또 다른 분류는 부교감신경계로서 반대 효과를 가지며, 소화와 배설을 향상시키고 심박 수와 호흡을 느리게 함으로써 에너지를 아낀다. 부교감신경계는 그림에서 빨간색으로 표시되었고, 중뇌, 연수, 척수의 꼬리 부분의 운동신경세포로부터 확장된 긴 축삭돌기의 네트워크로 구성된다. 이러한 축삭돌기는 기관의 바로 가까이에 있는 신경절까지 확장된다. 또한, 이것은 신경절로부터 기관 가까운 곳까지 확장된 짧은 운동신경세포를 구성한다. 대부분의 분비선, 평활근, 심장근은 교감신경계와 부교감신경계 양쪽으로부터 끊임없이 신호를 받는다. 중추신경계는 기관을 자극하고 억제하기 위한 두 가지 신호 비율에 변화를 줌으로써 길항적으로 반응을 조절한다.

교감신경과 부교감신경의 신경절 이전 뉴런의 말단에서는 신경전달물질로 아세틸콜린을 분비하지만, 신경절 이후 뉴런의 말단에서 교감신경은 노르에피네프린을, 부교감신경에서는 아세틸콜린을 분비한다.

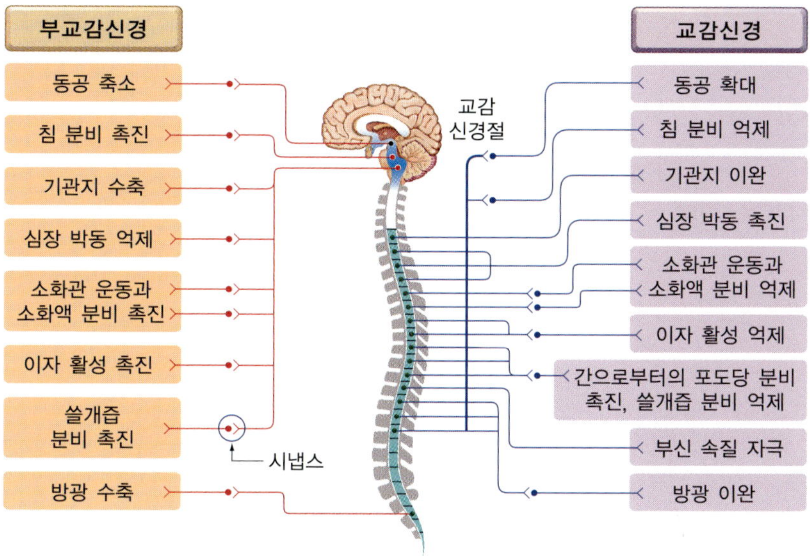

그림 4.6_ 교감신경과 부교감신경의 기능

교감신경과 부교감신경은 서로 반대 작용을 통해 내장 기관의 활동을 조절한다.

활동 2

|1| 뇌과학 연구가 실생활에 어떤 도움을 줄 수 있는가?

|2| 인공지능과 인간의 뇌는 서로 연결할 수 있는가?

|3| 신경계의 조직도에 대해 토론하시오.

|4| 교감신경계와 부교감신경계에 대해 비교하고 토론하시오.

3. 뇌

중추신경계에 속하는 뇌(brain)는 척수와 연결되어 ① 신체 내부 환경을 조절하고, ② 감정을 느끼고, ③ 의식적인 움직임을 조절하고, ④ 신체와 주변 상황을 인식하고, ⑤ 생각, 기억과 같은 고등 인지 작용을 하여 모든 신체 활동을 관장하는 컨트롤타워 역할을 한다. 여러 감각기관에서 수신된 생체 신호를 수신하고, 신경 정보를 통합 조정하는 기관계로 수많은 신경세포와 신경교세포로 이루어져 있다. 신경세포는 시냅스와 연결되어 있다. 우리 몸에서 뇌가 차지하는 비율에 따라 지능지수가 결정된다고 하는데, 뇌의 무게가 5~8kg 정도인 고래는 몸체와 비교하여 뇌가 차지하는 비율이 1:2,000 정도이고, 지능지수가 높기로 유명한 침팬지, 오랑우탄 등도 그 비율이 1:100 정도라고 한다. 만물의 영장인 인간의 뇌의 무게는 약 1.5kg으로 그 비율이 1:50 정도라고 하는데, 하는 일이 많아서인지 뇌의 무게는 1.5kg에 불과하지만, 산소 소모량의 20%를 사용하며 심장에서 나오는 혈액량의 30%를 공급받는다. 또한, 1,000억 개의 신경세포가 몸의 모든 기관의 조절, 생각, 기억, 상상하는 등의 복잡한 정신 활동을 관장하고, 1,000조 개의 시냅스[2]가 연결되어 있다. [그림4.7]은 중추신경계를 분류한 모식도이다.

뇌와 척수의 회색질(gray matter)에는 신경세포체가 위치하고 있고, 백색질(white matter)에는 축삭이 위치하고 있다. 뇌에서 백색질은 회색질의 안쪽에 위치하지만, 척수에서는 회색질이 백색질의 안쪽

2 초당 4,000억 비트의 정보처리로 이는 4Hz CPU의 1,000배이다.

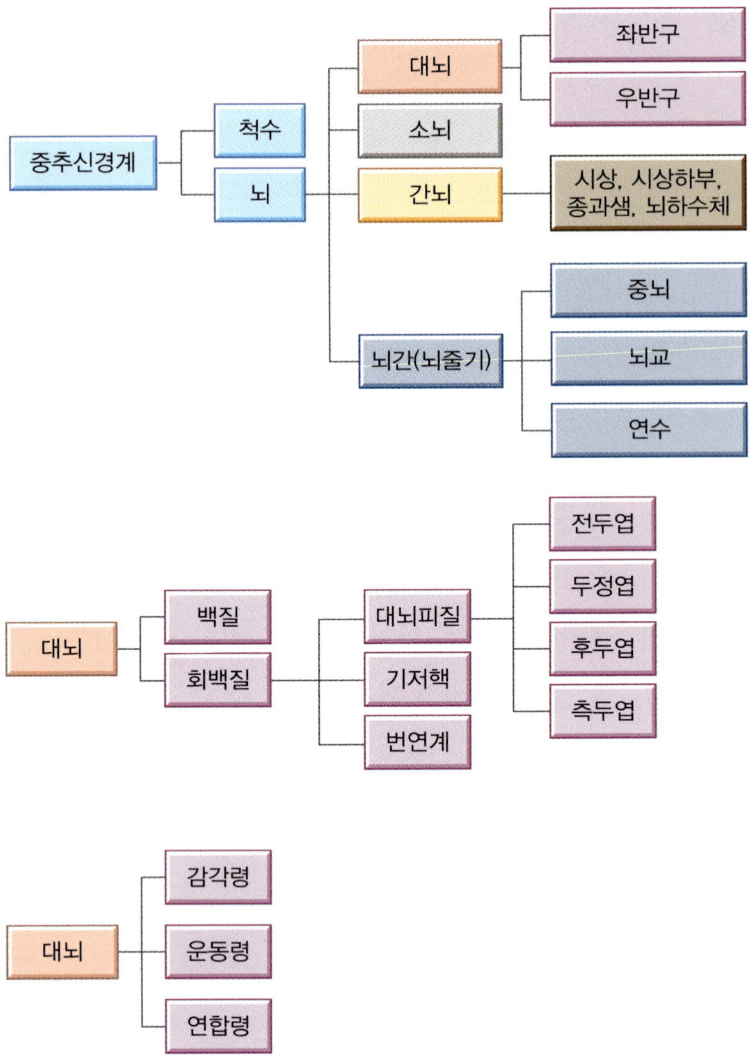

그림 4.7_ 중추신경계의 분류

에 위치한다는 점이 특징적이다.

뇌는 기능과 형태 및 해부학적 위치에 따라 대뇌, 소뇌, 간뇌, 뇌간으로 나눌 수 있다(그림 4.7).

3-1 대뇌

대뇌(cerebrum)는 뇌의 대부분을 차지할 정도로 크며(3/4 차지), 틈새(fissure 또는 열)로 좌반구와 우반구로 나누어지고, 척수신경의 교차 때문에 뇌의 좌반구는 몸의 우측을, 우반구는 좌측을 지배하게 된다. 좌뇌와 우뇌는 뇌량(corpus callosum 또는 뇌들보)에 의해 연결된다(그림 4.8). 좌뇌는 언어 기능을 담당하고 우뇌는 공간인식을 담당하는데, 좌뇌는 사고형 인간 경향으로 논리적, 분석적, 순서적, 언어적 작업에 더 우월하여 수학, 언어, 철학 능력 등을 보여 정보의 세세한 부분을 처리하려고 한다. 우뇌는 창조형 인간 경향으로 비언

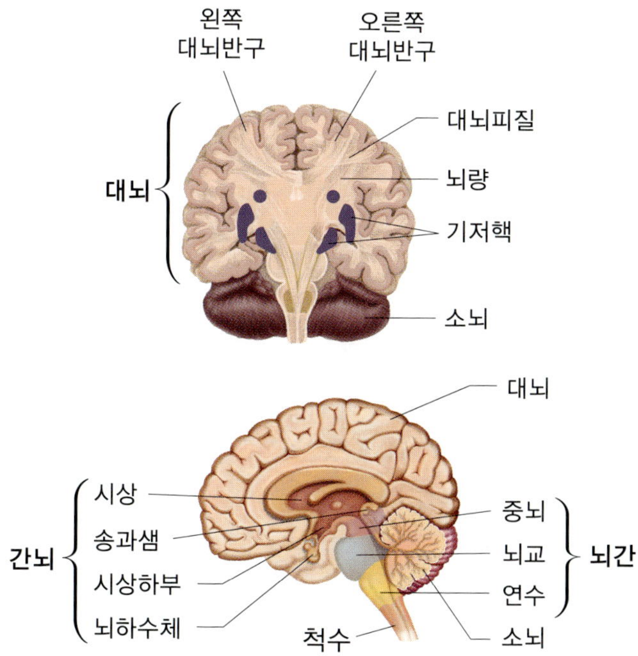

그림 4.8_ 뒤에서 바라본 뇌(위)와 뇌의 종단면(아래)

어적 기술, 특히 공간인식, 예술적, 음악적 능력에 더 우월하여 세계를 전체적인 큰 그림으로 보려 한다. 이처럼 좌우 반구가 기능적인 차이를 보이는 현상을 '분화'되었다고 한다.

대뇌는 위치에 따라 백색질과 회백질로 나눌 수 있는데, 대뇌 안쪽은 백색질로서 대뇌피질의 세포들과 연결된 유수신경섬유로 이루어진 단단한 흰색 부분으로, 피질과 뇌의 다른 부분 사이에 정보를 전달한다. 회백질은 얇은 껍질인 대뇌피질과 백색질 속 깊숙이 회백질 덩어리로 기저핵과 변연계가 있다.

① 대뇌피질

대뇌피질(cerebral cortex)은 주름진[3] 표면의 회백질로 이루어져 뇌 대부분을 둘러싸고 있다. 대뇌피질은 가장 정교한 신경 기능인 수의 운동의 시작, 감각(시각, 청각, 후각, 미각, 촉각) 인식, 생각, 언어, 개

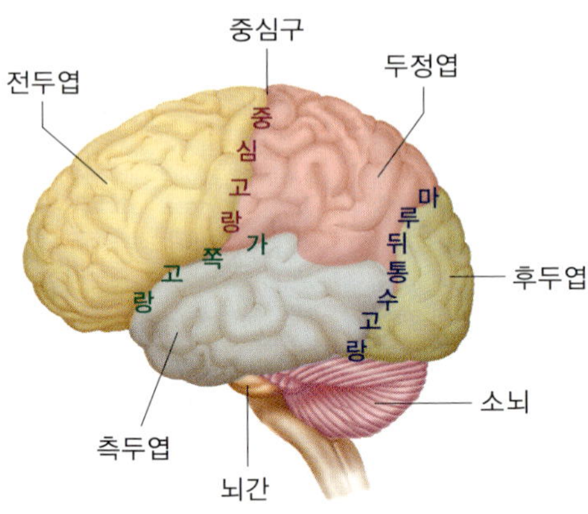

그림 4.9_ 대뇌피질

3 고랑(sulcus 또는 구)과 이랑(gyrus 또는 회)

성, 그 외에 마음이나 지능과 관련된 여러 기능을 수행한다. 대뇌피질은 뇌에서 최상위 단계의 가장 복잡한 통합 기능을 가진 부위이다. 이 부위가 손상되면 의식이 없고 전신이 경직된 채로 대사라는 식물적 기능만을 하는 식물인간 상태가 된다. 반면, 뇌사는 비가역적 혼수상태로 뇌간의 기능 손상 상태를 말하며, 죽음과 동일하게 볼 수 있어 장기 이식 대상이 될 수 있다.

대뇌피질은 해부학적 위치에 따라 4쌍의 엽(lobe)인 전두엽, 두정엽, 후두엽, 측두엽이 서로 다른 특화된 기능을 하고 있다(그림 4.9).

전두엽과 두정엽은 머리의 앞과 위쪽에 위치하는데, 각 반구의 측면 중앙 부위에 깊게 파인 중심고랑(롤란도고랑)에 의해 구분된다. 전두엽(frontal lobe)은 의식적인 운동, 사고와 언어, 감정을 담당하는 영역이다. 두정엽(parietal lobe)은 마루뒤통수고랑에 의해 측두엽과 구분되며, 몸의 감각을 인식하고 종합하는 영역이다. 측두엽(temporal lobe)은 전두엽과는 가쪽고랑(실비우스고랑), 후두엽과는 마루뒤통수고랑에 의해 구분되며, 청각 조절 중추, 인지와 기억 기능조절을 담당하는 영역이다. 후두엽(occipital lobe)은 시각정보 인지와 분석을 담당하는 영역이다.

대뇌피질의 각 엽에는 기능에 따라 말초신경을 통해 들어오는 감각정보를 받아들이는 감각령, 의식과 운동을 조절하는 운동령, 학습, 언어, 기억, 판단, 사고 및 정서 등을 담당하는 연합령, 시각령과 청각령으로 구분된다(그림 4.10).

운동령(motor area)은 전두엽에 위치하여 수의운동(voluntary movement)을 담당한다. 운동령은 각 부위에 따라 그 부위가 통제하는 몸의 부위도 달라진다. 그러나 운동령에 의해 통제되는 몸의 영역

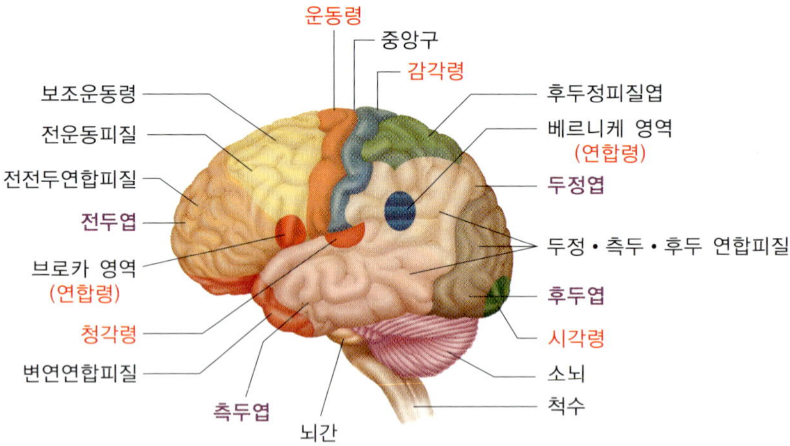

그림 4.10_ 대뇌피질의 기능 영역

이 크다고 해서 그 통제를 담당하는 운동령의 부위도 커지지는 않는다. 통제되는 몸의 영역보다는 몸놀림의 복합성이나 정밀성에 따라 그 영역을 통제하는 운동령 부위 또한 커지고 작아진다. [그림 4.11]은 고대 의학에서 극미인(homunculus)이라고 하는 '작은 사람'을 그려 운동령이 통제하는 몸의 부위를 예시한 것이다. 뇌의 일부를 정면에서 바라보고 이마 면을 잘라 놓고 뇌에 사람을 얹어 놓았다. 당연히 뇌에 사람을 얹어 놓으니 작아질 수밖에 없다. 빨간색은 앞쪽으로 운동령(파란색은 뒤쪽으로 감각령)임을 알 수 있다. 실제로 해당 영역에서 해당 부위에 운동이 나타난다. 예를 들어, 뇌에서 빨간 부분의 머리 꼭대기 끝쪽에서 뇌의 손상이 있다면 엉덩이나 무릎, 몸통의 움직임에서 문제가 생긴다.

감각령(sensory area)은 측두엽과 두정엽에 위치하여 체성감각 정보가 처리되는 곳이다. 몸에서 입력되는 정보를 처리하는 감각령에 따라 관장하는 부위 또한 달라진다. 그러나 영역의 크기는 그 영역에

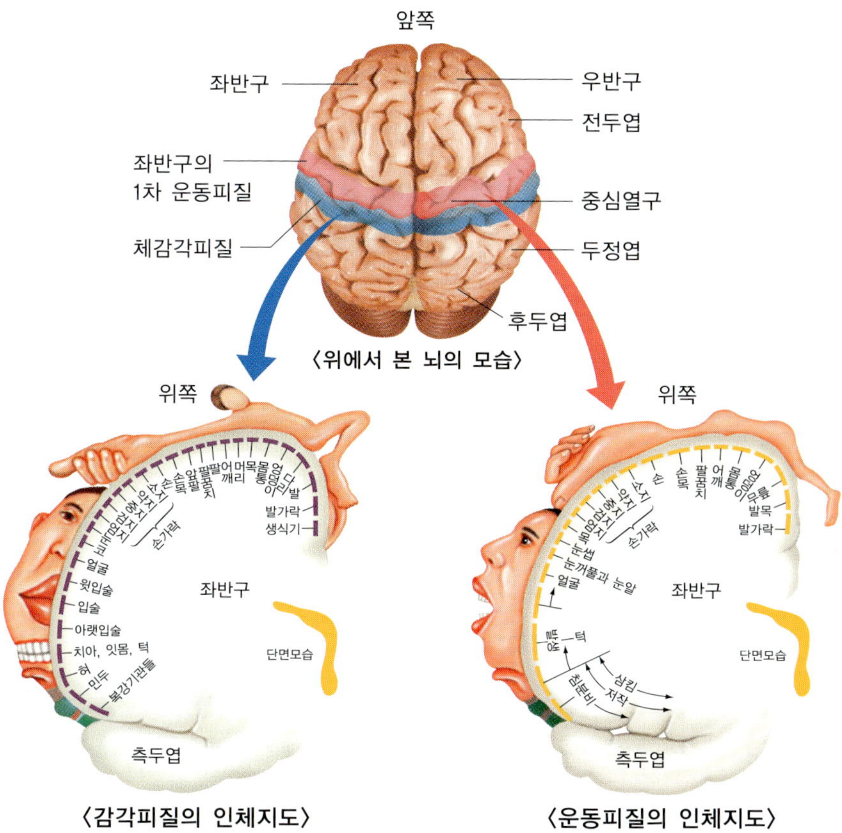

그림 4.11_ 운동령(피질)과 감각령(피질)의 인체지도

서 담당하는 신체 부위의 크기가 아니라, 그 신체 부위의 민감도에 따라 달라진다. 예를 들어, 입술이나 얼굴, 손가락은 몸통이나 다리와 비교하여 훨씬 더 민감하기 때문에 이러한 부위에서 입력되는 정보를 처리하는 감각 영역이 더 큰 것이다. 운동령(피질)을 나타내는 인체지도와 감각령(피질)을 나타내는 인체지도를 보면, 약간의 차이는 있으나 큰 차이는 없다는 것을 알 수 있다.

연합령(association area)은 운동영역과 감각 영역 이외의 모든 곳이며 이들을 이어준다. 따라서 대뇌피질의 약 70%가 연합령에 속하며 모든 고등 정신 활동이 연합령에서 이루어진다.

연합령에 대한 연구는 100년이 넘었지만, 그 기능을 일부라도 이해하게 된 것은 최근의 일이며, 이러한 성과는 양전자방출단층촬영법(positron emission tomography, PET), 기능성자기공명영상법(functional magnetic resnance imaging, fMRI) 등 최근 개발된 뇌영상 변화와 뇌기능을 연계하여 분석한 기술의 발달에 기인한다.

과학자들이 연합령에 대해 알게 된 것은 주로 사고나 뇌졸중 또는 뇌수술 환자들의 행동을 연구한 결과이다. 1848년 철도 공사장에서 일어난 사건은 전두엽에서 전개되는 정보처리의 유형에 관한 단서를 제공하는 계기가 되었다(그림 4.12). 피니어스 게이지(Phineas Gage)가 바위를 부수기 위해 화학 작업을 하는 동안 화약이 폭발하는 사고가 발생하였다. 그 결과 길이 1m의 쇠막대가 게이지의 좌측 볼 아래를 뚫고 들어와 전두엽을 관통하였다. 게이지는 살았지만 이후 성격이 완전히 바뀌었다. 그는 원래 성격이 원만하고 노동자들을 잘 통솔하는 등 공사 현장 책임자로서 역할을 잘 수행하였으지만, 사고 이후 그는 인지 기능 등에서는 별 이상이 없었으나 화를 잘 내는 등의 감정적 제어를 못 하는 성격적 변화를 보였다. 이러한 증거들을 포함하여 후속 연구로 전두엽이 이성적 사고에 중요하며, 감정 조절에 대한 억제적 기능이 있음을 알게 되었다.

19세기의 과학자 폴 브로카(Paul Broca)와 칼 베르니케(Karl Werneke)는 각각 실어증 환자를 연구하여 뇌에서 벌어지는 언어 활동에 관한 중요한 사실을 발견하였다. 말을 유창하게 할 수 없게 된 환자가 죽은 후, 그의 뇌를 검토한 브로카는 유창한 언어 행동을 책

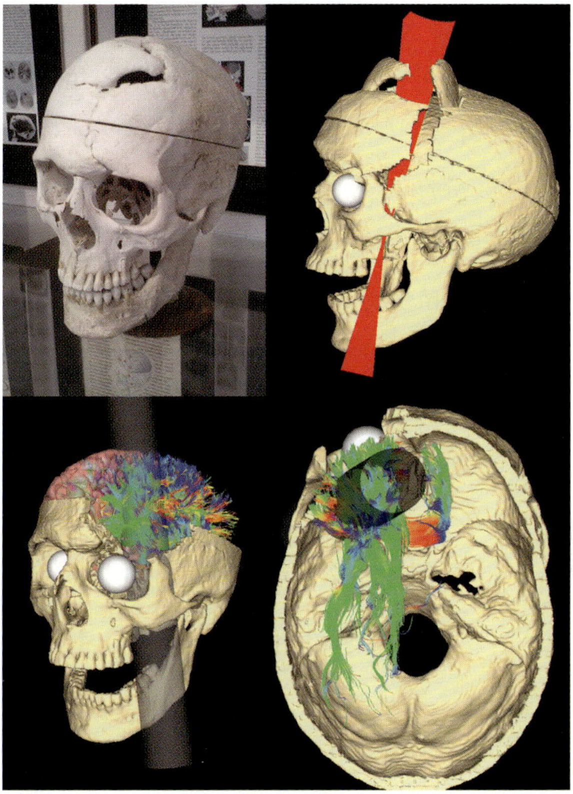

그림 4.12_ 게이지가 겪은 전두엽 뇌 손상 사고의 모식도

특정 뇌 부위가 담당하는 뇌기능에 대한 연구는 우연히 뇌손상을 당한 환자를 대상으로 하거나, 실험동물을 대상으로 인위적인 뇌손상 후에 나타나는 뇌기능의 변화를 조사한다. 또한, 실험동물 및 사람을 대상으로 PET, fMRI 등을 이용한 뇌영상의 변화와 뇌기능을 연계하여 분석하는 방법이 활용되고 있다.

자료: Wikipedia, Mapping Connectivity Damage in the Case of Phineas Gage, Van Horn JD, Irimia A, Torgerson CM, Chambers MC, Kikinis R, et al., 2012.

임지는 뇌 영역이 좌반구 전두엽의 왼쪽 영역에 자리 잡고 있다는 것을 알게 되었다. 그의 이름을 따 브로카 영역(Broca's area)으로 불리고 있다(그림 4.13). 즉, 연합령의 언어영역인 브로카 영역이 손상되면 타인이 하는 말을 이해할 수 있고 글을 읽을 수도 있지만, 말을 하는 능력(언어의 표현)은 사라진다. 이러한 실어증을 브로카 실어증

(Broca's aphasia)이라고도 한다.

언어의 이해에 관여하는 영역 중에는 좌반구 측두엽에 위치한 베르니케 영역이란 곳이 있다(그림 4.13). 칼 베르니케의 이름을 따 붙여진 베르니케 영역(Wernicke's area)은 연합령의 언어영역으로, 손상되면 말을 이해(언어의 이해)하거나 읽기 장애(dyslexia)가 발생하는 베르니케 실어증(Wernicke's aphasia)이 나타난다.

시각령(visual area)과 청각령(auditory area)은 시각정보와 청각정보를 처리하는 영역으로 시각령은 후두엽에 위치하며 청각령은 측두엽에 위치한다. 좌반구에서 이 두 영역이 위치한 곳은 우반구에서도 동일하다.

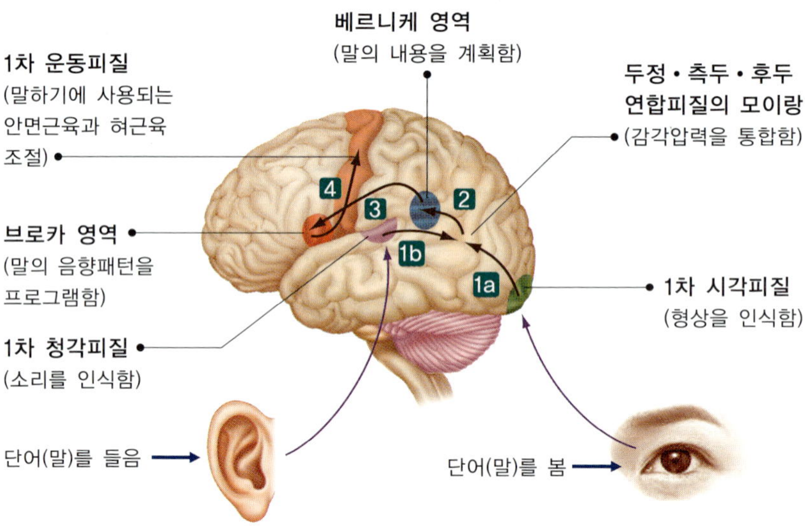

그림 4.13_ 대뇌피질의 기능 영역

1a. 본 것을 말하고자 할 때, 뇌는 1차 시각피질의 시각정보를 시각, 청각, 촉각 입력을 종합하는 두정-측두-후두 연합피질의 모이랑으로 전달한다. 1b. 들은 것을 말하고자 할 때, 뇌는 1차 청각피질의 청각 정보를 모이랑으로 전달한다. 2. 베르니케 영역으로 전달되어 말할 단어의 선택과 순서가 결정된다. 3. 언어정보는 브로카 영역으로 전달되어 소리 패턴으로 프로그램된다. 4. 이 소리 프로그램은 특정 1차 운동피질(운동령)로 전달되어 적당한 안면근육과 혀근육을 활성화시켜 원하는 단어를 말할 수 있게 한다.

② 기저핵과 변연계

대뇌의 안쪽에 신경세포체가 많은 회백질로 기저핵과 변연계가 있다. 기저핵(basal nuclei 또는 바닥핵)은 선조체(corpus striatum), 흑색질(substantia nigra), 시상밑핵(subthalamic nucleus)이 이에 속하며 수의운동과 밀접한 기능이 있다. 따라서 손상 시 불수의운동과 근긴장도의 이상을 포함한 운동장애가 나타난다. 기저핵에 있는 뉴런들의 신경전달물질인 도파민 분비의 저하는 운동감소(hypokinesia), 근경직(muscle rigidity), 휴지성 떨림(resting tremor) 등이 나타나는 파킨슨병(Parkinson's disease)을 앓게 된다.

변연계(limbic system 또는 가장자리계통, 둘레계통)는 하나의 독립된 구조물이 아니라 뇌간을 둘러싸고 있으며, 정교한 신경 경로들로 서로 연결되어 있다. 편도체와 해마로 구성되며, 정서조절, 동기, 학습, 기억과 같은 원시적 감정과 고차원의 정신작용을 모아 하나로

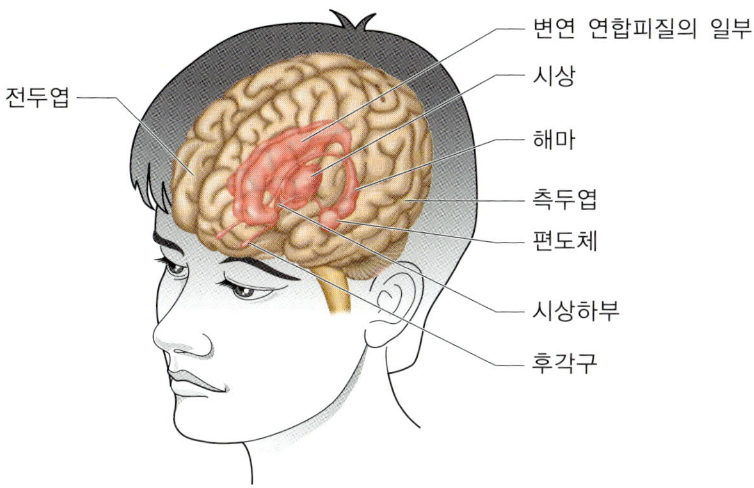

그림 4.14_ 변연계 구성

작용한다. 성적 쾌감과 포만감이 주는 즐거움, 즉 본능 행동, 감정과 기억과 연관된 중추적 역할(감정, 기본적 생존, 사회적 성적 행동 양상, 동기화, 학습 등에 관여)을 한다. [그림 4.14]는 변연계를 구성하는 구조물을 보여준다. 편도체(amygdala)는 노르에피네프린을 분비하고 공포, 감정 처리 등의 기능을 수행한다. 해마(hippocampus)는 기억과 학습을 담당한다. 알츠하이머병(Alzheimer's disease)은 해마의 손상으로 신경반(neuritic plaque)[4]과 신경섬유다발(neurofibrillary tangle)[5] 등이 형성되는 치매(dementia) 종류 중 하나로 가장 먼저 서술기억이 없어져 기억력 저하, 인지 장애가 나타난다.

3-2 소뇌

소뇌(cerebellum)는 말 그대로 150g 정도의 작은 뇌로서 전체 뇌의 10%를 차지하며 표면에 있는 자잘한 주름이 특징이다. 소뇌는 균형, 자세 및 근육 조정 등을 조절한다. 운동선수들이 보통 사람보다 빠르게 움직일 수 있는 것은 체력 단련을 하는 동안 소뇌가 함께 발달한 덕분이다.

3-3 간뇌

간뇌(diencephalon)는 중뇌와 대뇌 사이에 있으며, 대뇌피질로 가

4 beta-amyloid가 과도하게 만들어져 응집되면 뉴런에 독성을 띤다.

5 뉴런 생존에 필수적인 축상운송계를 방해한다.

는 감각신경들의 통로인 시상과 그 아래에 연결되어 위장 기능, 체온, 혈관, 운동, 체내 수분 함량, 수면, 정서 반응 등의 조절 중추인 시상하부로 이루어져 있고, 시상하부의 아래 끝에는 뇌하수체(pituitary gland)가 있다.

시상(thalamus)은 뇌의 감각 처리의 주요 부분이다. 청각, 시각, 그리고 감각 수용체의 다른 정보는 시상을 통한 후 대뇌피질의 감각 영역으로 전달된다. 또한, 시상은 균형을 조절한다. 근육에서 유래된 자세, 귀 안의 감각기에 의한 방향에 대한 정보는 소뇌의 정보와 결합하고 시상으로 전달된다. 시상은 대뇌피질의 해당 운동 중심부에 정보와 경로를 전달한다.

시상하부(hypothalamus)는 신체의 모든 내부 활동을 통합한다. 그것은 체온, 혈압, 호흡, 심장박동을 조절하는 뇌간의 중심부를 조절한다. 또한, 뇌의 주요 호르몬 생산 분비기관, 뇌하수체의 분비물 지휘 등을 수행한다. 시상하부는 대뇌피질의 일부 영역에 대한 뉴런의 광범위한 네트워크에 의해 연결되어 있다. 이 네트워크는 뇌의 시상하부 지역의 일부와 함께 해마와 편도라고 하며, 변연계를 구성한다.

3-4 뇌간

뇌간(brain stem 또는 뇌줄기)은 중뇌, 뇌교, 연수를 말하며 특별한 구별 없이 이어져 척수와 연결되어 있고, 식물의 줄기처럼 보여 뇌줄기라고도 부른다. 호흡과 소화, 혈액순환 등 무의식적 생명 유지 기능을 담당하여 '생명의 뇌'라고 한다. 뇌를 향하는 모든 감각 정보와 뇌로부터 유래된 모든 운동 명령은 뇌줄기를 통과한다.

중뇌(midbrain는 눈에 띄지 않을 정도로 작으며, 뇌의 정중앙에 위치하여 간뇌와 안구 사이를 연결시켜 몸의 균형 유지하는 것에 관여한다. 또한, 안구운동 홍채조절(동공 조절)과 같은 시각 반사와 청각 반사에도 관여한다.

뇌교(pons 또는 다리뇌)는 소뇌, 대뇌, 척수 등으로 신경을 연결하여 '신경의 핵' 이라 하며, 연수와 더불어 호흡조절 중추로 작용한다. 또한, 안면 부위의 감각과 운동을 관장한다.

연수(medulla oblongata 또는 숨뇌)는 생명 유지에 관여한다. 호흡, 순환, 침 분비, 하품 제치기 같은 무의식적인 활동을 일으켜 몸의 상태를 일정하게 유지하는 기능을 한다.

|1| 과학자는 뇌가 하는 일을 어떻게 알 수 있었는가?

|2| 뇌 가소성은 무엇이며, 향후 뇌과학자를 비롯한 다양한 학문 분야의 연구자들은 이것을 어떻게 활용할 수 있는가?

|3| 대뇌, 소뇌, 간뇌, 뇌간(뇌줄기)에 대한 각각의 기능에 대해 토론하시오.

|4| 운동령(피질)과 감각령(피질)의 인체지도(homunculus)에 대해 비교 · 토론하시오.

4장 참고문헌

- 캠벨 생명과학 포커스, Lisa A. Urry 외 4인 저, 대표저자 전상학 역, ㈜바이오사이언스출판, 2017.
- 셔우드의 기초 생리학, Laurales Sherwood 저, 대표저자 강신성 역, 사이플러스, 2013.
- 생명과학, George B. Johnson 저, 대표저자 김영민 역, 드림플러스, 2013.
- 심리학과의 만남, Richard A. Griggs 저, 대표저자 신성만 역, 시그마프레스, 2016.
- Wikipedia, Mapping Connectivity Damage in the Case of Phineas Gage, Van Horn JD, Irimia A, Torgerson CM, Chambers MC, Kikinis R, et al., 2012.

5장

AI와 게임 콘텐츠

게임은 놀이이면서 우리의 삶과 이어져 왔다. 원시 수렵시대의 돌 던지기 게임에서부터 현재의 최고사양 컴퓨터 및 스마트폰의 가상세계 게임에서는 임무를 완수해야 하는 주인공이 되었다. 사람이 아닌 컴퓨터가 조작하는 게임 캐릭터들이 인공지능을 가진다면, 훨씬 더 현실감 있고 흥미진진한 게임을 해나갈 수 있을 것이다. 컴퓨터야말로 사람처럼 생각하는 기계를 만들고자 하는 의도로 시작되었다. 19세기 초, 찰스 배비지(Charles Babbage)가 생각하는 기계를 제안한 지 100년 후에야 전자회로를 이용한 컴퓨터가 출현하게 되었다. 컴퓨터는 사람의 생각하는 뇌를 본뜬 '생각할 수 있는 기계'였다.

1. 사람의 머리를 본뜬 기계, 컴퓨터

최근 4차 산업혁명의 시작과 더불어 AI에 관한 관심이 더욱 커지고 있으며, AI 바둑 프로그램인 알파고(AlphaGo)가 보여준 뛰어난 능력과 함께 AI와 관련된 응용이 더욱 활성화되고 있다. AI란 컴퓨터를 사용하여 인간의 지능을 모델링하는 기술이다. 다시 말하면 '사람이 수행했을 경우와 유사한 지능을 발휘하는 기계 장치를 만드는 기술'이라고도 할 수 있다. 즉, AI는 인간 두뇌와 컴퓨터 기술의 결합으로 볼 수 있는데, 본 절에서는 컴퓨터의 등장과 그 발전과정을 인공지능 측면에서 고찰하고자 한다.

1-1 컴퓨터의 고안

“사람처럼 생각하는 기계를 만들 수 없을까?”라는 꿈을 꾸며 우리 머리를 본뜬 기계를 최초로 설계한 사람은 찰스 배비지였다. 그는 1834년 경마결과를 예상하는 기계로 ‘애널리틱 엔진(Analytic Engine)’을 발표하였으나 당시 기술로는 구현할 수 없었다. 그러나 그의 설계는 100년 후에 전자기술을 통해 컴퓨터로 등장하게 된다.

1-2 튜링머신(Turing Machine)

1930년대 2차 세계대전 중 독일의 암호를 풀기 위한 프로젝트팀의 중심에는 영국의 앨런 튜링(Alan Turing)이 있었다. 튜링은 배비지의 애널리틱 엔진의 아이디어를 발전시켜, ‘입력을 따라가며 자동으로 상태가 바뀌는 기계’를 제안하였는데(1937년), 이 기계가 바로 튜링머신이다(그림 5.1). 이 개념이 프로그래밍이며, 인공지능의 기본이 된다. 튜

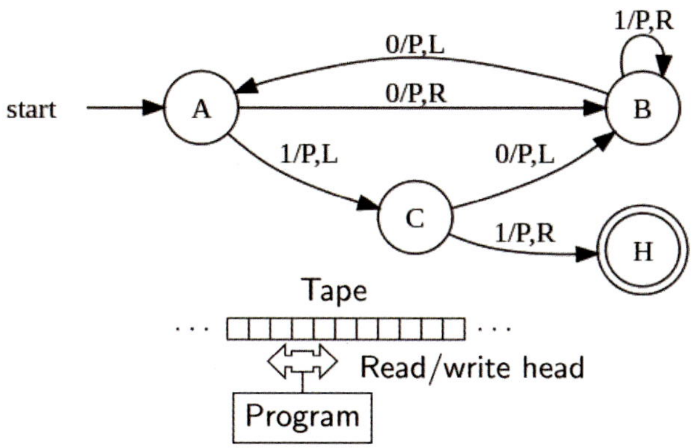

그림 5.1_ 튜링머신의 개념(위)과 튜링머신의 동작(아래)

링머신의 개념을 도입한 전자기계식계산기 '봄브(Bombe)'는 1941년에 독일의 군사 암호시스템을 해독하여 전쟁을 결정적으로 유리하게 이끌었다.

1-3 최초의 컴퓨터

2차 세계대전이 일어나면서 탄도의 정밀한 계산과 암호 해독 및 핵폭발 계산 등을 위해 전쟁의 승패를 걸고 국력을 다해 컴퓨터 연구에 과학자들이 동원되었다. 독일의 과학자 콘라드 추제(Konrad Zuse)는 1940년경 'Z3'라는 컴퓨터를 발명하였고, 1942년에 미국 아이오와주립대학에서 진공관을 이용한 특수목적용 컴퓨터 'ABC'를 발명하였다.[1] 1943년에는 영국이 독일의 암호를 풀기 위한 컴퓨터 '콜로서스'를 개발하였는데, 기밀이 해제된 1975년 이후에 밝혀졌지만, 이 콜로서스는 프로그래밍이 가능한 디지털 컴퓨터였다. 1944년에는 에이컨이 전기기계식계산기 'MARK-I'을 제작하였고, 2차대전 이후인 1946년 에커트와 모클리에 의해 범용계산기 'ENIAC'이 개발되었다.

1-4 폰 노이만의 프로그램 내장방식

2차 세계대전 당시 헝가리에서 미국으로 망명한 존 폰 노이만(John von Neumann)은 핵폭탄의 실험에 필요한 계산을 한 수학자이다. 그는 컴퓨터의 프로그램을 2진수로 만들어서 데이터와 함께 메모리에

1 이를 세계최초의 컴퓨터로 인정하고 있다.

저장시키는 방식으로 훨씬 빠른 처리를 할 수 있도록 제안하였는데, 이를 '프로그램 내장방식'이라 불렀으며, 이 방식을 따라 개발된 컴퓨터로는 1949년 영국의 'EDSAC', 1952년 폰 노이만 본인의 'EDVAC'이 있다. 이 방식은 오늘날 사용하는 컴퓨터 구조(입출력 장치, 중앙처리장치, 메모리)의 기원이 된다.

1-5 반도체 기술의 발달과 컴퓨터의 발전

1947년 트랜지스터가 발명되면서 집적화 기술로 반도체 칩(IC)이 등장하였고, 집적화 기술이 발전하면서 LSI, VLSI가 발명되었다. 그 발전 속도가 '18개월마다 집적도가 2배가 되고 전력 소모는 1/2로 줄어드는 사실'을 고든 무어가 발표하여(15년이면 1천 배, 30년이면 1백만 배) 2010년까지도 '무어의 법칙'은 엄청난 발전 속도를 지켜왔다. 그리고 반도체 기술의 발전에 따라 컴퓨터의 성능도 함께 발전하였다.

2. 컴퓨터 게임과 AI

게임은 놀이이면서도 승부를 겨루는 규칙이 있는 놀이로서 우리 인류의 삶과 문화 속에서 함께 진화해왔다. 원시 수렵시대의 사냥에서 나온 돌 던지기, 활쏘기 등의 게임이 있었고, 부족 간, 국가 간 전쟁을 모방한 스포츠 게임들이 있었다.

1970년대 컴퓨터와 주변기기가 발달하여 멀티미디어 시대가 되면서 멀티미디어 콘텐츠 중에서도 게임콘텐츠는 사람들이 즐기는 오락적인 요소들을 지닌 규칙이나 행위를 컴퓨터에 도입한 것으로, 인간과 상호작용하고 실시간으로 반응하여 인간에게 즐거움을 주는 매체로 자리 잡았다.

게임은 승부를 겨룰 수 있을 상대가 늘 필요하다. 혼자서 플레이한다면 컴퓨터 프로그램이 그 상대가 되어줘야 한다. 자기 수준에 맞게 상대가 똑똑해져야 게임이 더 재미있다. 그런 면에서 게임 AI의 도입은 컴퓨터 게임 초창기부터 필요하였다.[2]

1972년 미국의 '아타리(Atari)'사에서 발매한 2인용 핑퐁게임인 '퐁'의 상업적인 성공에 이어서 1976년 아타리의 벽돌 깨기 게임인 '브레이크아웃'은 혼자서도 플레이할 수 있는 몰입감 높은 게임이었다(그림 5.2). 게임이 똑똑해지기 시작한 것은 1978년 일본의 '타이토(Taito)'에서 발매한 '스페이스 인베이더'부터였다(그림 5.3). 이 게임은 벽돌이 움직이면서 아래로 총을 쏘고 수가 줄어들수록 점점 빨라짐으로써 더욱 플레이어에게 몰입감을 주었다.[3] 그야말로 '모방에 의한 재창조'

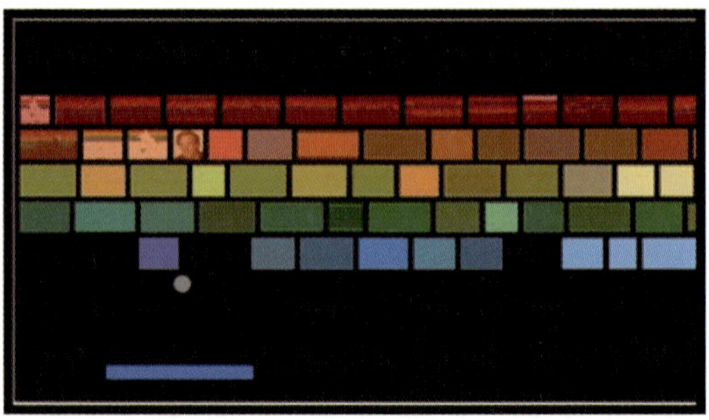

그림 5.2_ 벽돌 깨기 게임
Breakout
자료: Atari, 1976.

2 게임에서의 인공지능 기술, 이만재, 한국정보처리학회지 Vol.9, 2002.5.

3 플레이어의 실력에 따라 난이도가 높아졌다(저자는 이를 게임상의 첫 AI로 보았다).

였는데, 획기적인 게임으로의 진화였다. 그 여파로 미국의 아타리는 상업적으로 큰 타격을 입었고, 이어지는 일본 게임사의 대작들(팩맨, 동키콩, 갤러그 등)이 일본의 게임산업을 세계적으로 부상시켰다.

이후 게임은 더욱 빨라지는 반도체 기술을 통해 빠른 CPU와 메모리를 활용하여, 높은 수준의 그래픽에 대해 빠른 화면처리를 할 수 있도록 하였다.

1990년대 후반, 그래픽이나 사운드의 기능이 일정 수준에 도달하자 게이머들은 더 자연스럽고 재미있는 게임을 요구하였으며, AI가 이러한 요구에 대한 돌파구가 되었다. 더불어 인간의 뇌에 도전하는 컴퓨터 AI 기술이 1990년대에 세상을 깜짝 놀라게 하였다. IBM이 '딥 블루(Deep Blue)'라는 체스 AI 시스템을 개발하여 인간 챔피언에게 도전하여 AI가 이기는 일도 발생하였다.[4]

그림 5.3_ 스페이스 인베이더
자료: Taito, 1978.

2000년에 온라인게임 시대가 열리면서 지능의 한계가 있는 NPC(Non Player Character)에만 의존하지 않고, 원격의 다른 플레이어가 참여하면서 게임은 사람 간의 지능 대결로 발전하였다. NPC는 게임 안에서 플레이어가 직접 조종할 수 없는 캐릭터를 말하는데, 원활한 게임을 위한 도우미 역할을 하거나 몬스터 또는 적으로 활동한다. NPC의 행동은 사람이 아닌 컴퓨터가 하고, 이들을 움직이게 만드는 것이 AI 기술이다. 팀으로 대결해야 하는 멀티플레이 게임에서도 NPC들의 지능이 높아져야 하는 수요가 계속 커졌다. 게이머들은 인간의 빈자리를 컴퓨터 AI가 맡아 주기를 바랬다. 그리하여 카운터스트라이크, 프리스타일 등의 다대다 게임에서 이러한 AI가 일부 도입되었다.[5]

2016년 '딥마인드'의 '알파고(AlphaGo)'는 가장 복잡하다고 하는 바둑 게임에서 인간을 이김으로써 전 세계를 놀라게 하였고, 그로 인해 인공지능이라는 말과 함께 '딥러닝', '신경망'이라는 기술적인 용어도 보편화되기 시작하였다. 알파고에 이어서 알파스타가 다음 목표로 전략 게임인 '스타크래프트'를 도전 종목으로 지목하였고, 2017년에는 프로게이머들에게 졌지만, 2019년에는 전 세계 프로게이머들을 상대로 이기게 되었다.

게임이 현실의 축소판이라고 볼 수 있는 것은, 인간이 다양한 상황을 인식하고 판단을 내리는 과정이 게임 속에 담겨 있기 때문이다. 1990년대에 IBM이 딥블루라는 체스 AI를 개발하여 인간 챔피언에 도전하

---

4 Computer Games with Intelligence, C. Daniel Johnson and Janet Wiles, IEEE International Fuzzy Systems Conference, 2001.

5 게임 인공지능 연구동향, 조병헌, 박창준, 한국전자통신연구원, 전자통신동향분석 제23권, 2008.8.

였고, 최근에는 구글의 딥마인드가 바둑과 스타크래프트2 게임으로 역시 인간 최고수에 도전하여 승리한 것은 이런 게임의 현실 재현성을 활용하여 AI의 능력을 평가하겠다는 목표가 있었다. 2019년 말에는 알파스타가 게임 서버 '배틀넷'에서 90경기만에 유럽 상위 0.15%의 성적을 거뒀다는 논문이 국제학술지 네이처에 발표되기도 하였다.

세상에는 단지 자원을 획득하고 세를 확보하는 식의 게임만 있는 것이 아니다. 예를 들어, 여러 명이 참여하여 서로 협력해야 하는 게임도 있고, 내가 쥔 패의 정보가 내가 아닌 타인에게만 공개되거나 점수를 잃어야 이기는 역발상의 게임도 있다. 글만 활용하여 상황을 제시하고 답하는 게임도 있다. 이런 게임에서는 아직 AI가 능숙하지 못한다고 한다. 한두 번 해보면 금방 새로운 규칙을 파악하고 익히는 인간과 달리 너무나 많은 시행착오를 통해 학습해야 한다는 점과 유사한 게임이라도 인식하는 이미지가 조금만 달라지면 완전히 새로운 것으로 파악하여 처음부터 다시 학습해야 하는 것도 아직 해결해야 하는 문제이다. 그러나 기계 학습이니 유전자 알고리즘[6]이니 하는 지능에 관련된 연구들이 지속되면서 게임 AI는 계속 발전하게 될 것이다.

6 유전자 알고리듬을 이용한 대전형 액션게임의 지능캐릭터, 이면섭, 조병헌, 정성훈, 성영락, 오하령, 정보처리학회 논문지, 제12-B권 제3호, 2005.

3. 게임콘텐츠 AI 사례들

3-1 IBM의 딥블루(Deep Blue, 1996)

딥블루는 체스 게임 용도로 IBM이 만든 컴퓨터로서 세계 체스 챔피언 그랜드마스터인 가리 카스파로프를 시간제한이 있는 정식 대국에서 이긴 최초의 컴퓨터이다(그림 5.4).[7] 1997년에 성능이 더욱 개선된 디퍼 블루(Deeper Blue)는 결국 체스 토너먼트의 최강자가 되었다.

이 프로젝트는 원래 카네기멜론 대학교에서 쉬 펑숑(Feng-hsiung Hsu) 교수가 시작하였으며, 딥블루는 가능한 모든 경우를 조사하여 다음 수를 결정하기 때문에 엄청난 병렬처리 능력이 필요하였다. 카스파로프를 1997년에 꺾은 디퍼 블루 시스템은 12수 앞을 내다볼 수 있

그림 5.4_ 딥블루의 모습
자료: Wikipedia, James the photographer

7 최종 승부는 카스파로프의 승리로 끝났다.

는 예측 능력이 있었다. 반면, 보통의 체스 프로들은 10수 앞을 내다볼 수 있는 능력이 있다고 한다.

3-2 블랙&화이트(Black&White, 라이온헤드 스튜디오, 2001)

시뮬레이션 게임인 블랙&화이트는 알파고를 제작한 데미스 하사비스가 처음으로 AI를 도입한 게임이다(그림 5.5). 플레이어가 직접 신의 입장에 서서 자신의 애완동물인 크리쳐(creature)를 이용하여 세상을 다스릴 수 있는데, 이 크리쳐들을 가르치는 학습형 AI를 설계하였다. 크리쳐는 자신의 욕구와 상태에 따라 게이머의 행동에 대한 반응을 다이내믹하게 나타낸다. 어떤 행동을 크리쳐에게 반복해서 보여주면, 그 행동을 똑같이 따라 하고, 칭찬이나 벌을 줌으로써 선과 악의 양방향으로 교육할 수 있었다.

그림 5.5_ 블랙&화이트의 게임화면
자료: Google

3-3 심즈(The Sims, 맥시스/EA, 2000)

EA사의 심시티 시리즈로 유명한 심즈(The Sims)는 윌 라이트(Will Write)가 개발한 게임으로 일상적인 실생활을 게임에 옮겨 놓았으며, 각 캐릭터마다 욕구가 있어서 그것들을 잘 충족시켜줘야 순조롭게 플레이할 수 있는 게임이다(그림 5.6).

심즈에서는 이와 같은 AI를 인공생명과 퍼지를 이용하여 구현하였다. 특히, 인공생명 기술을 이용하여 여러 캐릭터를 결합하여 새로운 캐릭터를 창조할 수 있게 하였다. 이것은 각 캐릭터에게 고유의 유전자를 부여함으로써 가능하였다.

그림 5.6_ 심즈의 게임화면
자료: EA

3-4 어쌔신 크리드(Assassin's Creed, 유비소프트, 2007)

어쌔신 크리드는 '페르시아 왕자: 시간의 모래', '레인보우식스: 베가스' 등을 개발한 유비소프트(UBISOFT) 몬트리올 스튜디오에서 차세대 시장을 목표로 개발한 게임으로 15세기 십자군 전쟁을 무대로 플레이어가 한 명의 암살자가 되어 맡은 임무를 달성하면서 서사를 진행하는 잠입 액션 어드벤처 게임이다(그림 5.7).

이 게임에서는 그동안의 게임에서는 보여주지 못했던 자연스러운 행동을 표현하려 하였다. 예를 들어, 거리에서 돌아다니는 NPC가 플레이어와 부딪히면 NPC가 현실의 사람처럼 밀리면서 쳐다보는 등의 그 상황에 적절한 행동을 하게 된다. 또한, 건물 사이의 오브젝트를 뛰어넘거나 더 높은 건물로 올라갈 때, 손이 닿을 수 있는 공간은 대부분 손으로 움켜잡고 발판으로 사용할 수 있게 설계되어 있다. 이러한 부분은 더욱 실제와 같은 행동을 보여줘야 하는 게임 AI 분야가 나아

그림 5.7_ 어쌔신 크리드의 게임화면
자료: 유비소프트

가야 할 또 다른 방향을 보여주었다는 데에 의미가 있다.

3-5 프리스타일 2008(조이시티, 2008)

프리스타일은 최대 3:3 플레이가 가능한 캐주얼 온라인 농구 게임이다(그림 5.8). 과거 프리스타일(2004)에는 AI가 없었기 때문에 혼자서 연습할 방법이 없었다. 따라서 초보자들이 쉽게 게임을 즐기기가 어려웠다. 이러한 문제를 해결하기 위해 게임 내에 '매치 트레이닝'이라는 코너를 '확률기반 행동 결정 시스템'을 이용하여 구현하였다. 이 코너에서는 1:1에서 3:3까지의 대결을 지원하였고, 플레이어는 하나의 캐릭터만 조종하고, 나머지 캐릭터들은 시스템(AI)에 의해 동작하도록 설계되었다.

그림 5.8_ 프리스타일의 게임화면
자료: 조이시티

3-6 블레이드앤소울(엔씨소프트, 2012)

엔씨소프트의 인기 게임인 블레이드앤소울(이하 블소)에는 '무한의 탑'이라는 100층으로 구성된 1인 플레이 던전이 있다(그림 5.9). 이곳에서 플레이어는 NPC와 1:1 대전을 펼쳐 제압하면, 다음 층으로 올라가고 보상을 받을 수 있다. 무한의 탑은 층이 올라갈수록 더욱 강력한 NPC를 만나게 되는데, 이때 등장하는 NPC들이 인공지능 NPC이다. 무한의 탑에서 플레이어는 적과 싸우게 되는데, 이를 마치 사람이 직접 플레이하는 느낌을 주도록 설계되었다. 이를 위해 사람이 플레이하는 장면을 인공지능 컴퓨터가 강화 학습하여 NPC 적용한 것이다. 이로 인해 무한의 탑의 AI NPC는 플레이어에게 쉴 틈을 주지 않고 끊임없이 공격·방어 기술을 사용한다. 이용자는 마치 실제 플레이어와 전투를 하는 것처럼 박진감 넘치는 전투의 긴장감과 재미를 느낄

그림 5.9_ 블레이드앤소울의 무한의 탑 게임화면
자료: 엔씨소프트

수 있게 된다. 블소 이용자의 실력과 난이도에 따라 다음 층의 높이와 NPC 등 환경이 결정된다.

엔씨소프트는 이런 인공지능 기술개발을 위해 'AI 센터'라는 별도의 조직을 만들기도 하였다.

3-7 야생의 땅:듀랑고(왓 스튜디오/넥슨, 2018)

넥슨도 인공지능 기술을 게임에 활용하고 있다. 대표적으로 '야생의 땅: 듀랑고'에는 '절차적 콘텐츠 생성'이라는 AI 요소가 가미되어 있다(그림 5.10). 절차적 콘텐츠 생성이란 게임 개발자가 손으로 직접 모든 콘텐츠를 만드는 것이 아니라 특정한 알고리즘에 의해 자동으로 순간순간 무한에 가까운 콘텐츠가 만들어지는 것이다. 이 게임의 배경 장소는 섬으로 게임 내에 수많은 섬이 등장하는데, 이 모든 섬을

그림 5.10_ 야생의 땅: 듀랑고의 게임화면
자료: 넥슨

개발자가 만들어 낸 것이 아니라 컴퓨터가 자동으로 디자인하고 창조해내는 것이다. 따라서 정해진 공략도 나올 수 없고 플레이어는 계속해서 변화하는 세계를 모험할 수 있다.

4. 4차 산업혁명과 게임 AI

4차 산업혁명은 AI로 자동화와 연결성이 극대화되는 산업 환경의 변화를 의미한다.

과거에는 막연하게만 느껴졌던 AI란 키워드가 요즘은 실생활에서 많이 들리고 있다. 4차 산업혁명이라는 것도 과거에 겪은 다른 산업혁명과 비슷하게 현대의 삶 속에 다가오는 새로운 상황으로 받아들여지고 있다. 이러한 시대적 흐름 속에 게임 분야는 사람들에게 AI의 활용 가능성을 보여주는 대상이 되고 있다. 체스, 바둑과 같이 우리가 친숙한 게임과의 대결을 통해 AI 기술의 성능을 인식시키며, 새로운

표 5.1_ 4차 산업혁명의 구별

제1차 산업혁명	제2차 산업혁명	제3차 산업혁명	제4차 산업혁명
증기기관 기반의 기계화 혁명	전기 에너지 기반의 대량생간 혁명	컴퓨터와 인터넷 기반의 지식정보 혁명	IoT와 인공지능 기반의 만물 초지능 혁명
증기기관을 활용하여 영국의 섬유공업이 거대 산업화	공장에 전력이 보급되어 컨베이어 벨트를 사용한 대량생산 보급	인터넷과 스마트 혁명으로 미국 주도의 글로벌 IT 기업 부상	사람, 사물, 공간을 초연결·초지능화하여 산업 구조 사회 시스템 혁신

기술 혁명을 예고해주고 있다. 현재 게임산업을 위해 연구되고 있는 기술개발 트렌드는 크게 2가지로 나뉜다.[8]

첫째는 AI 기술이 다양하게 게임에 적용되면서 게임 콘텐츠가 풍부해지고, 게임 패턴도 기존의 틀에서 벗어나 플레이어에 따라 게임 전체가 달라지는 '지능형 게임'이 출시될 것이다. 특히, 인간의 인지 판단 능력을 대신하는 AI의 출현이 가시화되면서 게임 콘텐츠는 실세계에서 요구되는 다양한 상황들을 효과적으로 재현할 수 있는 가상공간으로서 AI에게 학습시킬 수 있다는 강점이 있다.

둘째로 클라우드 컴퓨팅을 통해 게임 빅데이터를 분석하여 경영 정책 및 마케팅에 활용하려는 수요가 커질 것이다. 최근 AI 기반 기술인 '기계 학습'을 기반으로 게임 분석 분야가 활성화되고 게임 빅데이터의 활용도가 크게 확장되고 있다.

기술의 발전 속도는 인간의 예측을 불허한다. AI의 발달에 대해서도 인간의 지능을 넘어설지 불안해하는 사람들이 많다. 그러나 기술의 발달이나 AI의 발달이 인류의 발전에 기여하는 방향으로 이끌어질 수 있다면 유익할 것이다. 체스나 바둑의 경우 스마트폰에서도 실행되는 앱이 세계챔피언 수준의 기량을 발휘할 수 있다면, 승부가 목적이 아니라 게임을 즐기며 기량을 증진시킬 수 있는 목적으로 활용될 수 있지 않을까?[9]

8 게임산업을 위한 인공지능 기술의 활용 가능성, 양성일, brunch, 카카오 정책산업연구, 2018.12.28.

9 인공지능이 바꿀 미래, 게임시장에서 인공지능의 위치는, 1boon, 2020.2.27.

활동 1

|1| 게임은 왜 인공지능을 적용하기에 좋은 매체인가?

|2| 알파고, 알파스타를 통해서 본 딥러닝 기술이 가져온 변화와 가져올 변화는 무엇인가?

|3| 게임 안에서 플레이어의 수준에 따라 변화하는 NPC가 등장한다면 어떤 효과를 더 낼 수 있는가?

|4| 게임 빅데이터 분석을 AI로 해낼 수 있다면, 사용자의 플레이 패턴을 예측할 수 있는가?

|5| 게임 빅데이터 분석이 다른 사용자들의 플레이 성향을 이끌며 마케팅으로도 성공할 수 있으려면, AI가 어떤 요소들을 파악해야 하는가?

|6| AI가 적용된 게임 콘텐츠를 경험해보고, AI를 적용하지 않은 게임과 어떤 점이 다른지 경험한 바를 작성하시오.

|7| 현재 대형 게임업체들이 AI 부서를 통해 AI 전문인력을 게임 개발과 운영에 힘을 쏟고 있다. 어떠한 성과들이 나오고 있는지 조사해보고, 1가지씩 작성하여 토론하시오.

|8| AI가 게임에서 인간을 대체할 수 없는 역할은 무엇인가? 자신의 생각을 작성한 후 토론하시오.

5장 참고문헌

- 게임에서의 인공지능 기술, 이만재, 한국정보처리학회지 Vol.9, 2002.5.
- Computer Games with Intelligence, C. Daniel Johnson and Janet Wiles, IEEE International Fuzzy Systems Conference, 2001.
- 게임 인공지능 연구동향, 조병헌, 박창준, 한국전자통신연구원, 전자통신동향분석 제23권, 2008.8.
- 유전자 알고리듬을 이용한 대전형 액션게임의 지능캐릭터, 이면섭, 조병헌, 정성훈, 성영락, 오하령, 정보처리학회 논문지, 제12-B권 제3호, 2005.
- 생각보다 가까이에 있는 인공지능 기술들-②게임 편, 동아 사이언스, 2016.3.27.
- 게임산업을 위한 인공지능 기술의 활용 가능성, 양성일, brunch, 카카오정책산업연구, 2018.12.28.
- 게임업계, 인공지능과 만나다, IT조선, 2020.1.
- 인공지능이 바꿀 게임의 미래, 게임시장에서 인공지능의 위치는?, 1boon, 2020.2.27.

6장

초감각 기술로 무장한 AI 콘텐츠

1. 새로운 시지각의 확장: AI 시대 영상콘텐츠의 개념과 범위

1-1 영상콘텐츠의 개념과 범위

AI 시대를 살아가는 우리의 일상적인 삶은 영상콘텐츠의 홍수 속에서 각자의 기호와 취미 생활을 풍미하고 각종 정보를 접하고 있다. 이러한 영상이라는 단어는 영어의 이미지(Image)에서 출발하였으며, 광선의 굴절 또는 반사에 의해 비치는 물상 혹은 스크린에 비치는 영화나 텔레비전, 스마트폰 등에 비치는 이미지, 머릿속에 그려지는 모습과 광경 등으로 정의할 수 있다.

그럼 영상이라는 단어는 언제부터 사용하기 시작하였을까? 대략 1960년대의 일본에서는 '비출 영(映)'과 '형상 상(像)'의 한자를 사용하여 '비추어지는 형상'이라는 의미로 영상이라는 말을 처음으로 사용하였다. 하지만 처음에는 '그림자 영(影)'을 사용하다가 나중에 '비출 영(映)'을 사용하였다고 한다. 그 이유는 1960년도에 컬러 TV가 보급되면서 일반적으로 사용되는 이미지, 즉 형상과 구별하기 위해서이다.

시간이 흐르면서 디지털로 가공된 각종 정보와 내용물이나 프로그램, 영화, 웹툰, 애니메이션, 음악, 게임을 의미하는 콘텐츠의 개념이 더해지면서 영상콘텐츠라 불리게 되었다.

영상콘텐츠의 범위는 4차 산업혁명 기술과 접목되면서 더더욱 넓어지고 있다. 일방적으로 보는 영상뿐만 아니라 AI 및 디지털 기술을 통한 양방향으로 체험하는 인터렉티브(Interactive) 영상, AR/VR과 같은 실감형 영상, 메타버스 세계까지도 포함할 수 있다.

1-2 영상매체와 새로운 시지각의 경험

AI 시대의 영상콘텐츠는 4차 산업혁명 기술이 결합된 매체의 발달 과정 속에서 기존의 영상콘텐츠와는 다른 시지각(Visual Perception)의 확장을 이루고 있다. AI 시대에는 여러 종류의 매체들이 서로 융합되며 발달해가는 시대이다. 이러한 현상은 지금 우리가 살고 있는 사회가 융·복합 디지털 매체 시대이고, 우리는 점점 더 이 매체에서 벗어날 수 없다는 것을 의미한다. 이 속에서 우리의 일상적인 삶이나 경험은 점점 더 매체 의존적으로 되어왔다고 할 수 있다.

다시 말해서 인간과 세계의 관계 맺음에 있어서 직접적인 관계보다는 스마트폰과 SNS, AR/VR 장비, TV, 컴퓨터 등의 매체를 통해 매개되고 변형된 경험을 주로 하게 되었다.

인간과 세계의 매개로 사용되는 기술과 매체를 단순히 개별 기술의 집합이나 하드웨어로 인식해서는 곤란하다고 할 수 있다. 실제로도 우리는 매체들을 매개로 하여 소통하고 경험을 확장하며 살고 있으므로 영상콘텐츠를 '인간 지각의 확장이다.'라고 파악한다면, 더는 영상기술로 만들어진 영상물을 우리의 눈과 떨어진 사물로만 바라볼 수는 없는 것이다. 따라서 AR/VR 장비나 스마트폰, 컴퓨터, TV와 같은 매체들을 '인간 지각의 확장'으로 이해해야 한다.

그렇다면 이러한 영상콘텐츠에 대해 이야기한 영상 미학자들의 여러 가지 견해들을 살펴보자. 우리가 매체라고 이해했던 영상물에 대해 캐나다의 미디어 이론가 마샬 맥루한(Marshall McLuhan)은 '시지각의 연장'이라고 말하였고, 미국의 저술가 레브 마노비치(Lev Manovich)는 '우리가 가지고 있는 시간개념이 공간화된 것'이라고 하였으며, 프랑스의 철학자 질 들뢰즈(Gilles Deleuze)는 '시간과 운동과 공간이 서로 종합되어있는 것'이라고 정의하기도 하였다.

시지각의 확장이라고 하는 것은 지금껏 1, 2, 3차원 그리고 더 나아가서 4, 5차원의 세계까지도 상상할 수 있게 만들어 놓은 운동 과정이다. 그러나 이것은 사물 자체가 확대된 것이 아니라 사물을 바라보는 우리의 시지각 운동 과정이 확대되었다는 것을 의미한다.

우리의 시지각이 확대되지 않았다면 르네상스 시대의 원근법이라든가 피카소의 입체적 관점처럼 시지각이 확장된 관점을 만들어 낼 수 없었을 것이다. 사실 우리가 정지된 이미지를 볼 때나 움직이는 영상을 볼 때 그리고 AR/VR과 같은 장비를 이용하여 가상의 세상 속에 있을 때 모두 다른 시지각으로 바라보게 된다.

시지각의 운동을 영상콘텐츠와 그것을 만들고 상영하는 영상매체로 재정의하는 것이 앞으로 'AI 시대 매체 융합' 의 영상콘텐츠를 제대로 파악하기 위한 새로운 정의가 될 수 있다고 볼 수 있다.

2. 호접지몽(胡蝶之夢): 딥러닝과 영상콘텐츠

그의 그리운 목소리, 꿈속에 있는 걸까? 내가 꿈인 걸까?

"넌 이제 떠나지만 너의 뒤에 서 있을 거야
조금은 멀리 떨어져서 조금도 부담스럽지 않게
이제 떠나는 길에 힘들고 지쳐 쓰러질 때
조금도 기다리지 않고 나에게 안기어 쉴 수 있게
너의 뒤에서"

노래 AI 김현식, 원곡 박진영

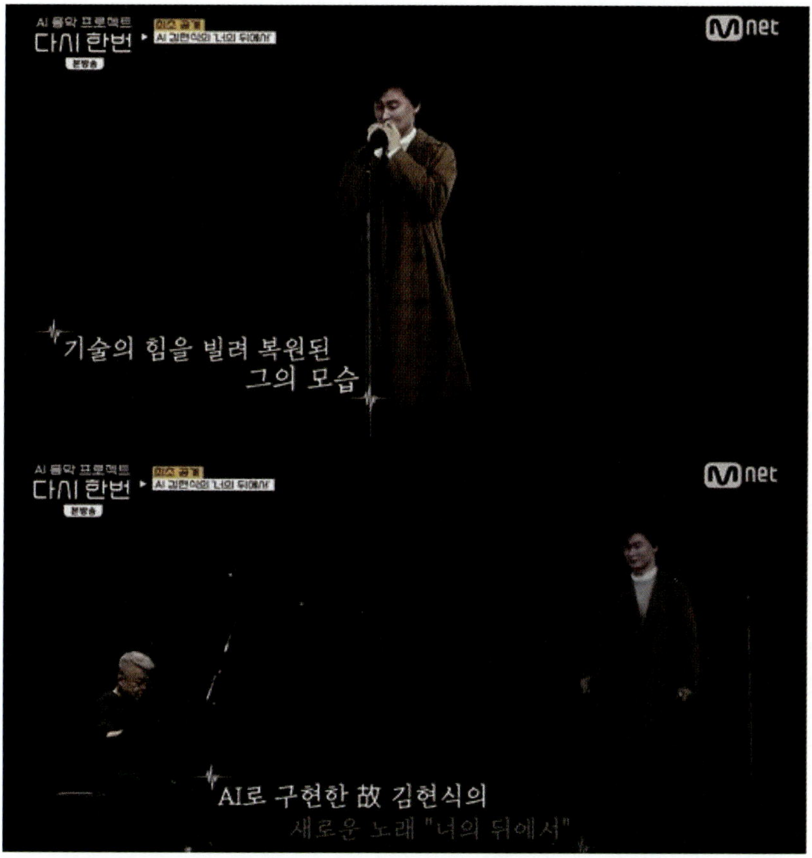

그림 6.1_ 'AI 음악 프로젝트: 다시 한번'에서 AI로 구현한 김현식의 모습
자료: Mnet

다시 한번 듣게 된 그의 노래에 놀라움과 그리움이 공존하는 이곳은 2020년 12월 'AI 음악 프로젝트: 다시 한번'에서 김형석의 반주에 맞춰 AI 김현식이 '너의 뒤에서'를 노래한 공연장이다. 무대 위에는 AI 페이스 에디팅으로 재현된 김현식이 노래를 하고 있다. AI는 딥러닝 합성기술 알고리즘을 통해 모두의 바램을 담은 김현식의 목소리와 모습을 구현해 내었다.

AI 음성합성 기술은 대상의 목소리 톤을 성우의 목소리에 입히는 음성변환(Voice Conversion) 기술로 최대한 닮은 목소리를 구현해 내는 AI 딥러닝 기술이다.

기존의 음성합성 기술은 로봇처럼 일정하게만 말할 수 있었는데, AI 기술이 도입되고 다양한 상황을 인지하면서 조금 더 다양하게 말할 수 있게 되었다. 즉, 음성, 주변 상황, 대화 내용, 시각정보를 기반으로 하여 적절한 대사를 표현할 수 있게 된 것이다. 이렇게 발달한 AI 기술은 앞의 AI 김현식뿐만 아니라 터틀맨, 김광석 등의 다시 듣고 싶은 과거 인물들의 목소리를 재현할 수 있게 되었다.

또한, 영상콘텐츠의 각 분야마다 생동감 있는 발화 스타일과 감정표현을 구현하기 위해서 AI 딥러닝 기술이 적용되고 있는데, 우리에게 익숙한 게임이나 AI 스피커의 음성에도 음성합성 기술이 단계적으로 사용되고 있다.

차라리 꿈이라면, 꿈이 현실이라면, 너에게 훨훨 날아갈게

"엄마 어디 있었어?" "항상 네 곁에…."
"엄마 안 울게, 그리워하지 않고 더 사랑할게"

"아빠는 엄마 그림자라도 다시 보고 싶어"
"거기 있나요, 이제 아프지 않나요?"

VR 휴먼다큐멘터리, 너를 만났다 시즌1, 2

우리는 다시 만나고 싶은 사람, 그리운 목소리, 그리운 누군가를 AI와 실감형 기술이 접목된 영상 그래픽으로 재현하여 다시 만날 수 있게 되었다.

그림 6.2_ 'VR 휴먼다큐멘터리: 너를 만났다'의 장면
자료: MBC

'AI, AR, VR과 같은 첨단기술이 사람들의 생각을 바꾸고 치유할 수 있을까?' '너를 만났다 시즌2'의 제작진은 가상현실 기술을 통해 체험자가 현실이 아닌 가상의 어떤 상황으로 들어가 공감하고 그 상황을 이해하는 'VR 저널리즘'을 추구하려 한다고 밝혔다. 가상 인물의 생생한 동작과 표정을 재현하기 위해 MBC 버츄얼 스튜디오에서는 연극배우의 몸에 100여 개의 동작인지 센서를 부착하는 광학식 모션캡처 기술을 적용하고, 한 통신사의 AI 연구소에서는 과거의 동영상과 가족들의 회상내용을 참고로 AI 음성합성 기술을 사용하여 목소리를 재현해 내었다.

모션캡처(Motion Capture) 기술이란 대상의 움직임을 수치적 데이터로 기록 및 저장하고 컴퓨터 그래픽 애니메이션의 형태로 기록 및 가공하는 기술을 말한다.

모션캡처가 발달하기 전의 2D 애니메이션과 같은 영상 그래픽 작품에서는 동물이나 사람의 움직임을 표현하기 위해 부단한 노동력을 들여서 표현해야 했다. 1995년 디즈니 애니메이션 '토이스토리'와 같은 초창기 3D 그래픽에서도 움직임이 다소 부자연스럽게 구현되었었다. 이것은 애니메이터가 수많은 동작들을 일일이 수작업으로 만들다 보니 관절과 근육의 미세한 움직임을 재현하는 데 필요한 엄청난 양의 시간과 노동력, 자원 소모가 발생하기 때문에 일정한 수준까지만 한계를 두고 구현한 것에서 오는 현상이라 할 수 있다. 이러한 문제점을 보완하기 위해 효율적이면서도 사실적인 움직임을 구현하기 위한 방향으로 기술이 발전하여 실제 사람의 신체 중 움직임 정보를 얻고자 하는 위치에 센서를 부착한 후 구현되는 동작들의 정보를 컴퓨터가 읽어내어 데이터화 하는 기법으로 발전된 것이 모션캡처이다.

모션캡처 기술이 개발된 초기에는 CG 캐릭터의 움직임 정보가 필요한 '반지의 제왕'과 같은 영화에서 이 기법을 사용하였고, 이후 3D 그래픽 기술이 활성화되면서 리얼타임 렌더링 방식의 TV 애니메이션, 버츄얼 캐릭터, 영화, 게임, 광고, 뮤직비디오, 각종 매체용 영상콘텐츠 등에 여러 분야에서의 움직임을 자연스럽게 구현하기 위한 용도로

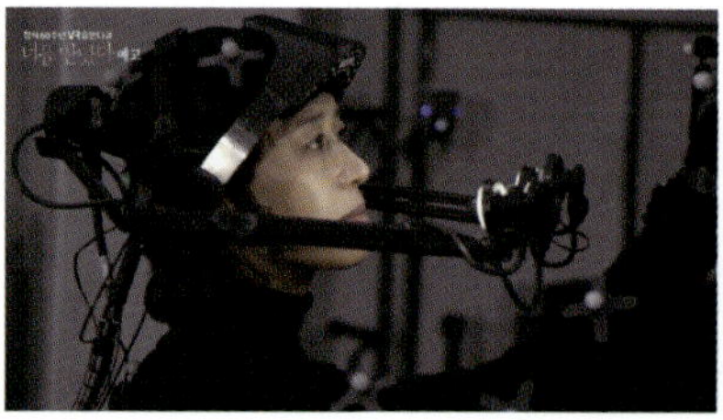

그림 6.3_ 'VR 휴먼다큐멘터리: 너를 만났다'에서 연극배우의 몸에 광학식 모션캡처 센서를 장착한 모습
자료: MBC

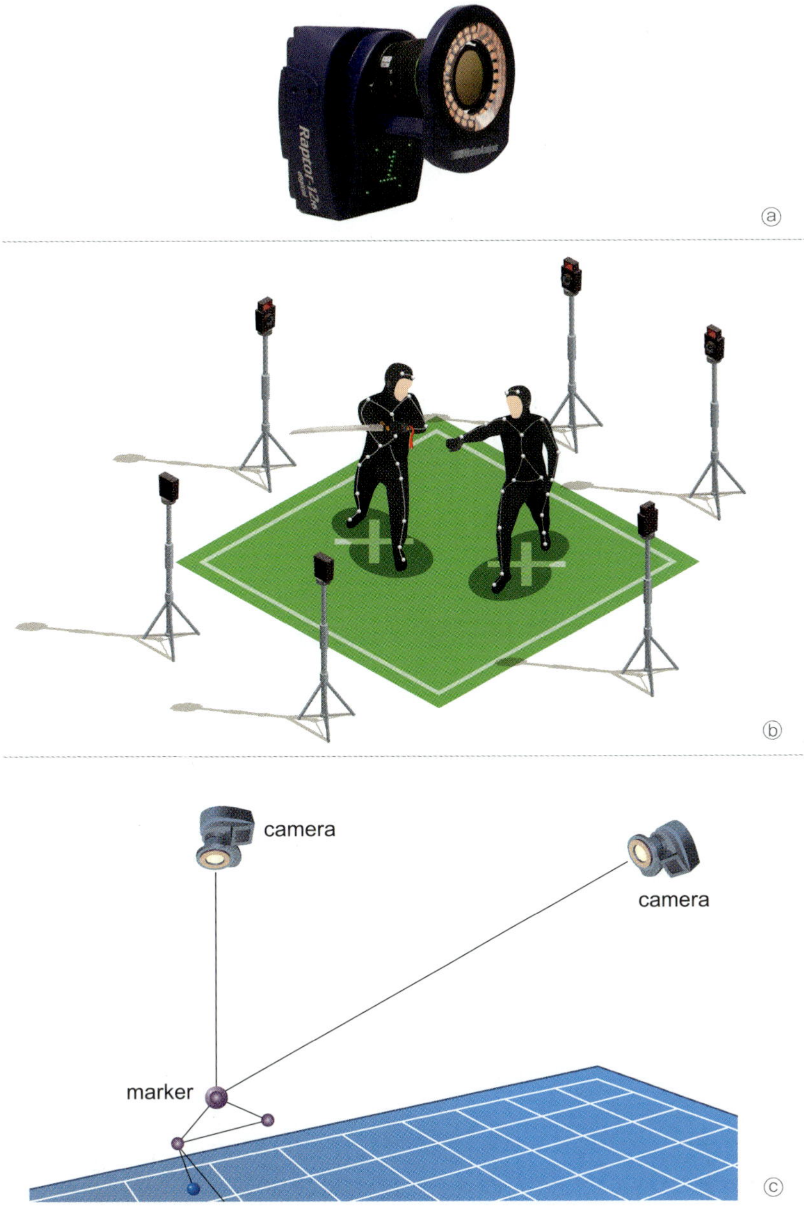

그림 6.4_ 광학식 모션캡처 기술의 원리

(a) 적외선을 보내고 받는 카메라, (b) 배우가 착용한 마커에서 적외선 반사, (c) 카메라와 마커 간의 거리를 추적하여 3차원 좌표 계산

활용되고 있다. 이로 인해 모션캡처에 대한 테크놀로지와 노하우 등이 많이 공개되어 있을 뿐만 아니라 라이브액션 전문 모션캡처 배우라는 직업도 등장하였다.

'너를 만났다'에 활용된 광학식 모션캡쳐 기술은 두 대의 카메라의 같은 위치에 캡쳐할 대상의 이미지가 맺히도록 한 뒤, 두 점 사이의 거리를 다른 거리와 각을 구하는 삼각측량법을 이용하여 대상의 좌표를 계산하는 방식의 기술이다(그림 6.4).

광학식 모션캡처는 센서 기능이 있는 여러 개의 마커를 사용하기 때문에 여러 모션캡처 방식 중 가장 정교하고 촬영 환경이 자유롭다.

3. AI 작업실의 창작 도구들: Auto Draw, Deep Dream

인공지능은 창작의 영역까지 넘나들고 있고 이를 활용한 예술작품들도 국내외 예술가들의 손을 거쳐 발표되고 있다. AI가 주는 단어적인 첫인상은 어려운 프로그래밍이나 코딩을 해야지만 활용할 수 있을 것이라는 두려움을 안겨 주시만, 가볍고 초보적인 단계에서도 알고리즘을 활용하여 창작할 수 있는 시스템들이 서비스되고 있다.

대표적으로 가장 쉽게 접근할 수 있는 이미지 창작 AI 서비스는 인공지능의 학습 단계에 따라 다음의 두 가지를 알아볼 수 있다. 먼저, 구글의 'Auto Draw'는 기계 학습, 즉 머신러닝 기능을 활용하여 입력된 규칙과 주어진 규칙을 기반으로 학습하여 이미지 결과물을 만드는 원리이고, 구글의 'Deep Dream'은 보다 고차원의 학습기능인 딥러닝을 구현할 수 있어 인공신경망을 통해 저장된 규칙을 왜곡하고 변환시켜 다른 패턴을 만들 수 있는 시스템이다. 이제 간단한 드로잉 예제를 통해 이미지 인식 AI를 체험해 보자.

① 구글의 Auto Draw

Auto Draw는 인공지능 기능을 기반으로 간단한 형태를 그리면, 저장되어 있는 이미지와 유사한 이미지를 예측하여 그림을 선택할 수 있도록 한 시스템으로 그림을 잘 못 그려서 자신이 없는 사람들도 쉽게 원하는 그림을 완성할 수 있다.

1 Auto Draw 사이트(https://www.autodraw.com/)에 접속하여 왼쪽 아래의 'Start Drawing' 버튼을 클릭한다.

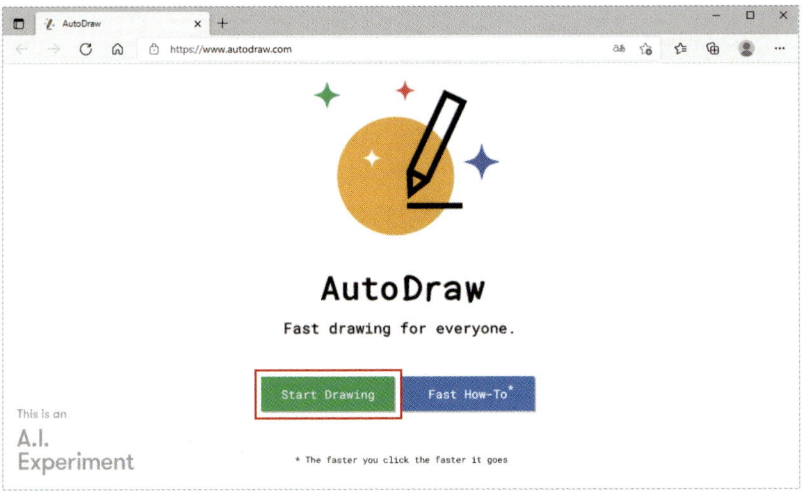

* 본 절은 『인문사회학으로 보는 AI』, 박현식 외, 자유아카데미(2021), 9장의 실습을 참고하였음.

2 화면의 왼쪽 툴바에서 'AutoDraw' 버튼을 클릭한다.

3 빈 화면에 원하는 그림의 기본이 되는 도형을 그리면, 화면 윗부분의 'Do you mean:' 탭에 내가 그린 그림과 공통점이 있는 이미지들을 찾아 띄워주는 것을 확인할 수 있다.

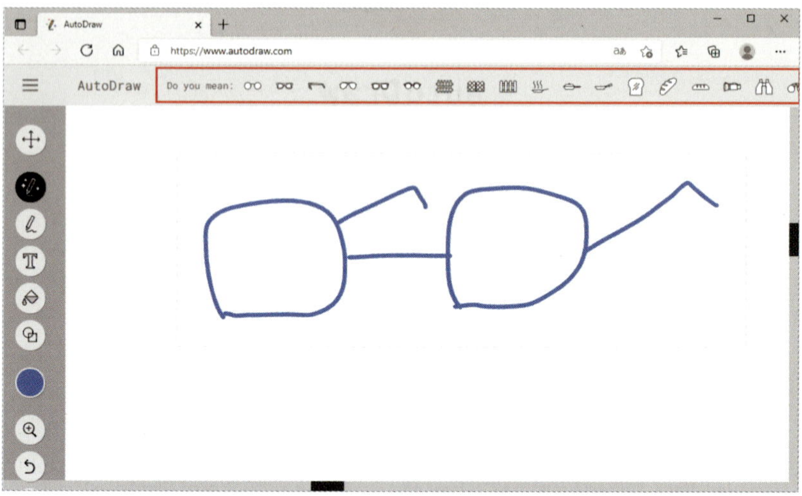

4 'Do you mean:' 탭에서 원하는 이미지를 찾아 클릭하면, 화면에 완성된 스케치가 생성된다.

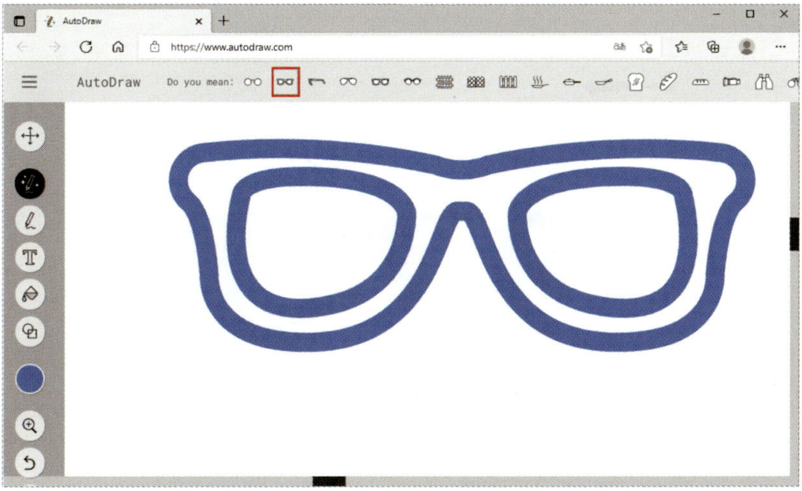

5 스케치에 색을 입히기 위해 툴바의 'Color' 툴에서 좌우로 넘기면서 원하는 색상을 선택한 뒤, 'Fill' 툴을 이용하여 색상을 넣을 영역을 클릭하면 색을 입힐 수 있다.

6 색상을 바꿔가며 원하는 영역의 색칠을 완성하고, 'Solo Draw' 툴을 이용하여 추가로 그리고 싶은 이미지를 그려 넣는다.

7 'Select' 툴을 이용하여 그림의 크기를 조절할 수 있고, 'Shape' 툴을 이용하면 도형을 그려 넣을 수 있다.

8 '왼쪽 위에 있는 메뉴 버튼을 누르면, 'Download'로 이미지를 저장할 수도 있고, 'Share'로 SNS에 공유할 수 있다.

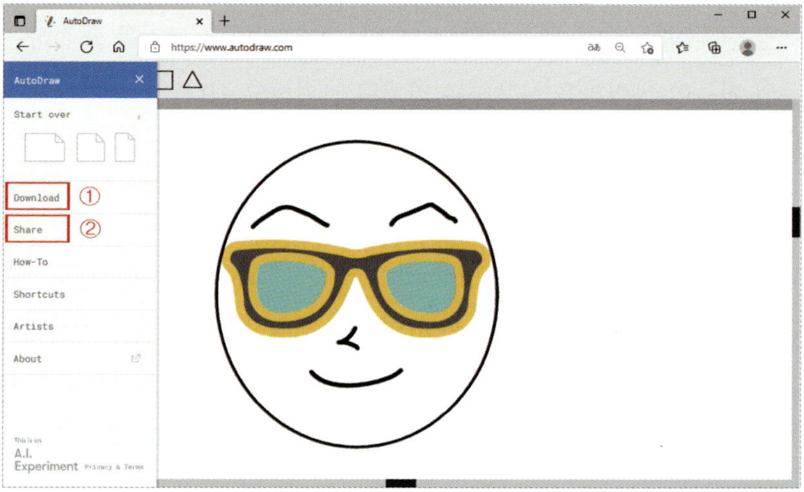

9 'Artist' 메뉴에서는 다양한 작가들의 그림을 다운로드하여 활용할 수도 있다.

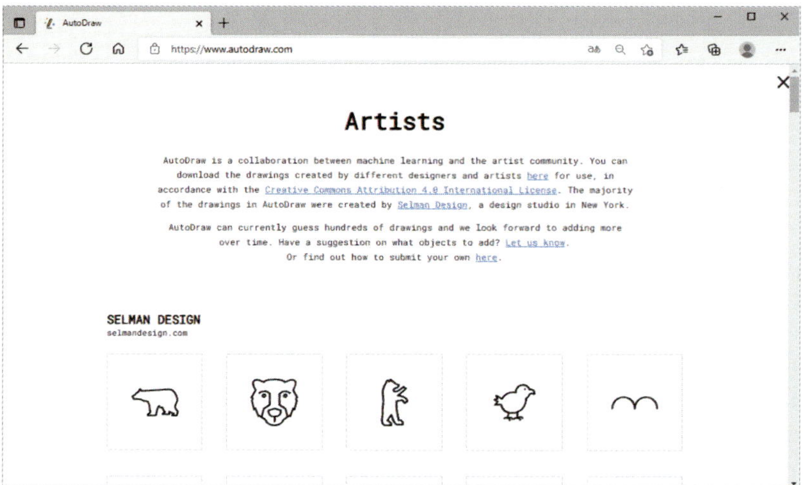

구글의 Auto Draw는 내가 그림이 서툴더라도 그리고자 하는 그림과 유사한 이미지를 Auto Draw 기능이 찾아주어 깔끔하고 숙련된 드로잉을 완성할 수 있게 도와준다. 또한, 색을 칠하고 크기를 조절하는 등의 기능이 그림판을 사용하는 것처럼 간편하고 쉽다.

② 구글의 DEEP DREAM

구글의 DEEP DREAM은 내가 원하는 이미지를 기준으로 딥러닝 학습하여 스타일이 변형된 새로운 이미지로 재창작해주는 사이트이다.

기본적으로 제공되는 스타일 외에도 다양한 아티스트들의 스타일을 적용할 수 있다. 여러 개의 이미지를 처리하다 보면, 에너지가 부족하다는 메시지가 뜨는데 이는 내가 만든 작품의 '좋아요'를 받은 정도에 따라 회원 등급별로 제공되는 화질 크기와 처리 용량의 제한을 두었기 때문이다.

이제 구글의 DEEP DREAM을 직접 이용해 보자.

1 DEEP DREAM 사이트(https://deepdreamgenerator.com/)에 접속하여 화면 윗부분의 'SIGN UP' 버튼을 눌러 회원가입 절차를 진행한다.

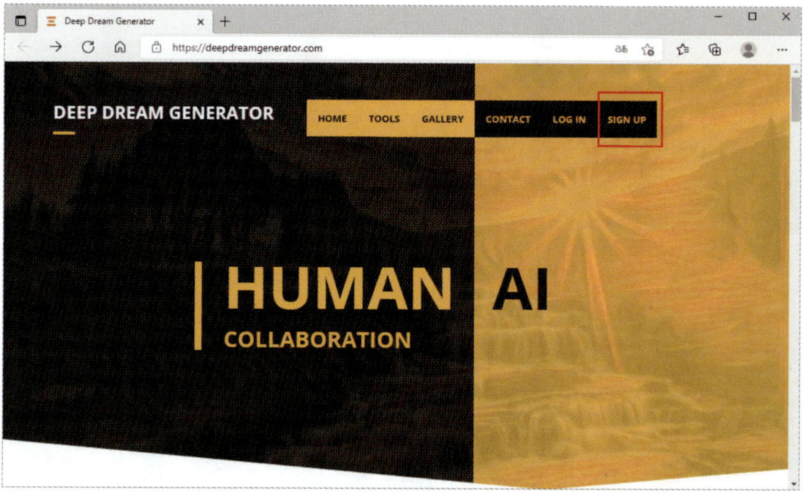

2 회원가입 절차를 마치면 상단의 'GENERATE' 버튼을 클릭하고, '파일선택' 버튼을 클릭하여 변환할 이미지를 선택한다. 'Choose Style'에서 이미지에 적용할 스타일을 선택할 수 있고, 'Settings'에서는 설정을 변경할 수 있다.

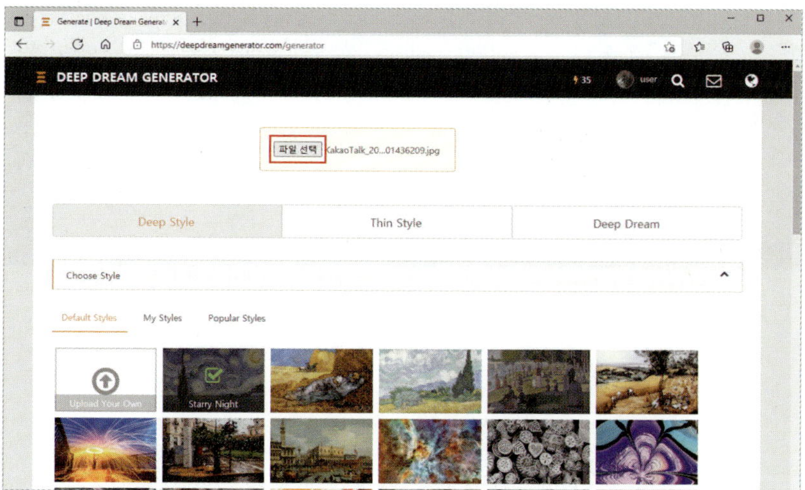

3 'Generate' 버튼을 클릭하면 이미지 변환이 시작된다. 선택한 스타일로 변환된 이미지의 전후를 비교해 보자.

※ 다음 글을 읽고 물음에 답하시오.

AI 기술과 AR/VR과 같은 첨단기술의 발달은 만날 수 없는 과거의 누군가의 목소리와 이미지를 가상현실로 되살려 우리에게 감동과 반가움을 선사하고, 직접 갈 수 없는 공간을 구현하여 공감의 시간을 선물해 준다는 긍정적인 측면이 있다. 그러나 반대의 측면에서 보면, 특정 인물의 목소리와 이미지를 불법으로 수집하여 합성하여 악의적인 방법으로도 사용될 수도 있다.

|1| 위와 같은 첨단기술의 긍정적인 측면을 활용하여 개발할 수 있는 콘텐츠 중에서 사회문제 해결, 인간의 사고 변화 및 치유 분야에 도움을 줄 수 있는 것들은 무엇이 있는가?

|2| 위와 같은 첨단기술의 부정적인 측면으로 개발될 수 있는 콘텐츠에는 어떤 것들이 예상되며, 이를 방지하기 위해서 우리가 가져야 할 윤리적 기준과 문화 사회적 개념에는 어떤 것이 있는가?

|3| 나의 전공 분야와 AI 시대의 기술을 접목시킬 수 있다면, 어떤 아이템을 개발할 수 있는가?

6장 참고문헌

- Uncontact, 김용섭, 퍼블리온, 2020.
- 콘텐츠의 미래, 바라트아난드 지음, 김민수 옮김, 리더스북, 2017.
- 4차 산업혁명 시대 문화경제의 힘, 중앙경제평론사, 2017.
- 인지니어스, 티나 실리그 지음, 김소희 옮김, 2017.
- '수억 뷰' 韓 홍보 영상 속 수궁가…이날치밴드, SBS NEWS, 2020.10.28.
- AI가 재해석한 윤동주 詩, 래퍼가 공연, 매일경제, 2019.12.10.
- 모션캡처, 나무위키, https://namu.wiki/w/모션%20캡처.
- AI 음악 프로젝트: 다시 한번, Mnet.
- VR 휴먼다큐멘터리: 너를 만났다, MBC.
- 인문사회학으로 보는 AI, 박현식 외, 자유아카데미, 2021.

7장

AI 시대의 수학적 사고

1. AI 탄생의 시작: 앨런 튜링

영국의 수학자 앨런 튜링(Alan Mathison Turing)의 이야기는 2014에 공개된 '이미테이션 게임(The Imitation Game)'이라는 영화로 많은 사람들에게 소개되었다. 이 영화는 영국드라마 '셜록(Sherlock)'에서 셜록 홈스를 연기한 배우 베네딕트 컴버배치(Benedict Cumberbatch)가 주연하여 더욱 많이 알려졌다. 영화에서 앨런 튜링이 독일의 암호체계인 에니그마(Enigma)의 해독에 사용된 전자기계식 계산기를 개발하는 장면이 나온다. 암호 해독팀은 이 암호 해독 기계 '봄브(Bombe)'를 기반으로 24시간마다 바뀌는 독일의 암호 키를 해독하였고, 그 후 발전된 기계인 '콜로서스(Colossus)'를 개발하였다. 결국, 암호 전쟁에서 이긴 연합군이 2차대전을 승리로 이끌 수 있었다.

튜링과 그의 암호팀은 24시간마다 새로운 키를 가지고 쏟아져 들어오는 독일군의 암호문을 다양한 방법으로 분석하고 처리하여 일정한

그림 7.1_ 영화 '이미테이션 게임'의 장면(왼쪽)과 암호 해독 기계 봄브(오른쪽)
자료: Wikipedia

규칙을 찾아내었고, 그 규칙을 바탕으로 어떤 독일군의 암호라도 풀 수 있는 기계를 만들었다.

그 후 튜링은 1948년에 제출된 그의 보고서 '지능을 가진 기계'에서 튜링기계를 제안하였고, 이 기계는 현재 컴퓨터의 원형이 되었다. 더 나아가 기계의 학습에 대한 아이디어도 함께 제안하기도 하였다.

튜링은 1948년에서 1951년 사이에 논문과 강연을 통해 다음과 같은 주제들을 발표하였다.

① 지능을 가진 기계(Intelligent Machinery, 1948)
② 계산 기계와 지능(Computing Machinery and Intelligence, 1950)
③ 지능을 가진 기계라는 이단적 이론(Intelligent Machinery, A Heretical Theory, 1951)

그림 7.2_ 14세의 앨런 튜링
자료: Wikipedia

④ 디지털 컴퓨터가 생각할 수 있을까?(Can Digital Computer Think?, 1951)

튜링의 논문과 강연을 살펴보면, 제목만으로도 일반적인 디지털 전자 기계를 상상한 것이 아니라 그 이상의 지능을 가진 기계, 즉 인공지능을 상상하고 있었음을 알 수 있다.

이제 튜링의 인공지능에 대한 수학적 상상의 시작에 대해 다루어 보자. 독일의 수학자 힐베르트(David Hilbert)는 1900년에 프랑스 파리에서 열린 국제 수학자 회의에서 20세기에 풀어야 할 가장 중요한 수학 문제 23개를 발표하였다. 그중 두 번째 문제는 다음과 같다.

"산술공리는 무모순인가?"

이 문제는 수학 이론에 모순이 없고 어떤 문제라도 참과 거짓을 정확하게 판별할 수 있는지를 질문한 것이다. 1928년 제1회 세계 수학자 대회에서 위의 문제를 결정문제라고 하여 더 자세하게 다음과 같이 제시하였다.

① 수학은 완전한가? 즉, 모든 명제가 공리와 정리로서 증명되거나 반증될 수 있는가?
② 수학은 모순이 없이 일관성이 있는가? 즉, 한 명제가 공리를 가지고 참이라고 증명되었다면, 그 명제의 부정은 동시에 증명할 수 없을 것인가?
③ 수학은 결정 가능한가? 즉, 증명되거나 반증 되는지 판단하는 방

법이 있는가?

당시의 수학계에서는 수학 자체가 얼마나 믿음직하고 확고한 체계인가를 보이려는 토론이 활발하였다. "모든 수학적 문제에서 절대적인 답을 얻을 수 있고 도달하는 방법에 대한 논리적 체계를 이룰 수 있다."라는 신념을 가지고 있었던 힐베르트는 이 세 가지 질문에 대해 긍정적인 확신을 하고 있었다. 힐베르트는 자신의 프로그램 속에서 수학과 물리학을 비롯한 과학의 전 분야에 대한 확고한 공리적 기초를 마련하려고 노력하였다.

1931년에 오스트리아의 수학자인 괴델(Kurt Gödel)은 불과 25세의 나이에 '불완전성 정리'를 발표하였다. 불완전성 정리는 다음과 같이 2개의 정리로 이루어졌다.

① 제1 불완전성 정리: 모순이 없는 자연수 체계 안에서 참도 거짓도 없는 명제가 반드시 존재한다.
② 제2 불완전성 정리: 모순이 없는 자연수 체계 안에서 공리시스템이 무모순이라는 것을 증명할 수 없다.

이것은 모순이 없는 자연수의 공리체계 안에서 긍정도 부정도 할 수 없는 증명 불능한 명제가 항상 존재할 수 있다는 것을 수학적으로 증명한 것이다. 괴델은 힐베르트가 제시한 결정문제의 첫 번째 질문에 대한 대답으로 '수학은 불완전하다'를 보인 것이다. 괴델은 우리의 이성이 만들어 낸 현재의 이론 체계를 가지고 모든 명제가 증명된다는 진리에 도달하는 것은 불가능하다는 것을 보임으로써 인간 이성의 한계를 증명하였다.

실제로 힐버트의 세 번째 결정문제도 매우 엄청난 영향을 주었다. 그것은 모든 수학 문제들을 풀 수 있는 일반적인 알고리즘을 찾아내는 것이었다. 더 엄밀하게 말하면, 그러한 알고리즘이 원칙적으로 존재하는가에 대한 해답을 구하는 것이다. 1936년에 튜링은 힐베르트의 세 번째 질문인 결정문제에 대해 수학의 결정성이 불가하다는 것을 증명하였다. 그는 런던 수학학회 회보(Proceedings of the London Mathematics Society)에 "계산 가능한 수와 결정문제에 대한 응용에 관하여(On Computable Numbers, with an Application to the

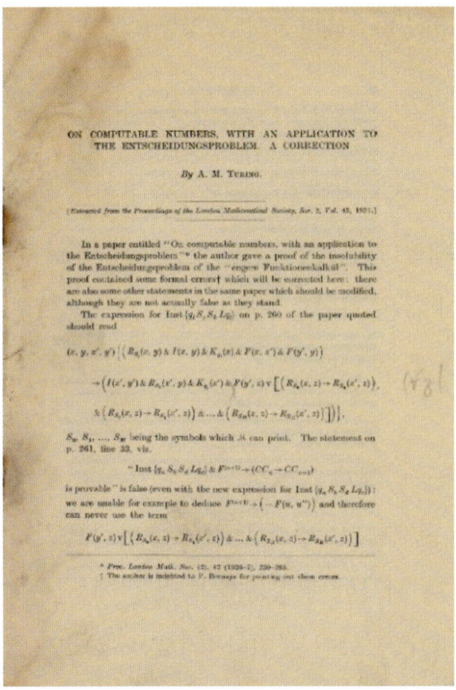

ON COMPUTABLE NUMBERS, WITH AN APPLICATION TO THE ENTSCHEIDUNGSPROBLEM. A CORRECTION

By A. M. TURING.

[*Extracted from the Proceedings of the London Mathematical Society, Ser. 2, Vol. 43, 1937.*]

In a paper entitled "On computable numbers, with an application to the Entscheidungsproblem"* the author gave a proof of the insolubility of the Entscheidungsproblem of the "engere Funktionenkalkül". This proof contained some formal errors† which will be corrected here: there are also some other statements in the same paper which should be modified, although they are not actually false as they stand.

The expression for Inst $\{q_i S_j S_k L q_l\}$ on p. 260 of the paper quoted should read

$$(x, y, x', y')\Big\{\big(R_{S_j}(x, y) \,\&\, I(x, y) \,\&\, K_{q_i}(x) \,\&\, F(x, x') \,\&\, F(y', y)\big)$$
$$\rightarrow \Big(I(x', y') \,\&\, R_{S_k}(x', y) \,\&\, K_{q_l}(x') \,\&\, F(y', z) \vee \Big[\big(R_{S_0}(x, z) \rightarrow R_{S_0}(x', z)\big)$$
$$\&\big(R_{S_1}(x, z) \rightarrow R_{S_1}(x', z)\big) \,\&\, \ldots \,\&\, \big(R_{S_M}(x, z) \rightarrow R_{S_M}(x', z)\big)\Big]\Big)\Big\},$$

$S_0, S_1, \ldots, S_M$ being the symbols which $\mathcal{M}$ can print. The statement on p. 261, line 33, viz.

"Inst $\{q_a S_b S_d L q_c\}$ & $F^{(n+1)} \rightarrow (CC_n \rightarrow CC_{n+1})$

is provable" is false (even with the new expression for Inst $\{q_a S_b S_d L q_c\}$): we are unable for example to deduce $F^{(n+1)} \rightarrow (-F(u, u''))$ and therefore can never use the term

$$F(y', z) \vee \Big[\big(R_{S_0}(x, z) \rightarrow R_{S_0}(x', z)\big) \,\&\, \ldots \,\&\, \big(R_{S_M}(x, z) \rightarrow R_{S_M}(x', z)\big)\Big]$$

* *Proc. London Math. Soc.* (2), 42 (1936-7), 230-265.

† The author is indebted to P. Bernays for pointing out these errors.

그림 7.3_ 논문 "계산 가능한 수와 결정문제에 대한 응용에 관하여"의 첫 페이지
자료: https://www.christies.com/en/lot/lot-5791606

Entscheidungsproblem, 1937)” 라는 제목의 논문에서 “임의의 수학적 명제의 참과 거짓을 판명할 수 있는 알고리즘이 존재할 수 없다.” 라는 것을 증명하였다. 이 논문에서 튜링은 ‘계산 가능’을 ‘알고리즘의 존재’라고 정의하였다.

이 논문의 주제를 간단히 설명하면, 어떤 계산식을 정해진 규칙에 따라 차례로 풀어나갈 때, 언젠가는 계산이 완료되고 답을 얻을 수 있는지 없는지를 미리 알 수 있는가를 질문한 것이다. 튜링은 그의 논문을 통해서 알 수 없다고 결론을 내렸다. 그래서 이를 ‘정지문제(halting problem)’라고도 부른다.

이 문제를 대답하는 데 어려운 점 중의 하나는 도대체 알고리즘, 즉 기계적 프로그램의 정확한 의미가 무엇인지를 결정하는 것이었다.

실제로 튜링은 이 논문에서 알고리즘, 즉 ‘계산 가능’을 정의하기 위해 입력과 연산 그리고 출력과 기억을 연속적으로 수행할 수 있는 만능 연산 기계인 튜링기계(Turing Machine)를 이론적으로 만들었다. 튜링기계란 인간의 도움이 없이 주어진 알고리즘들을 수행하여 수학

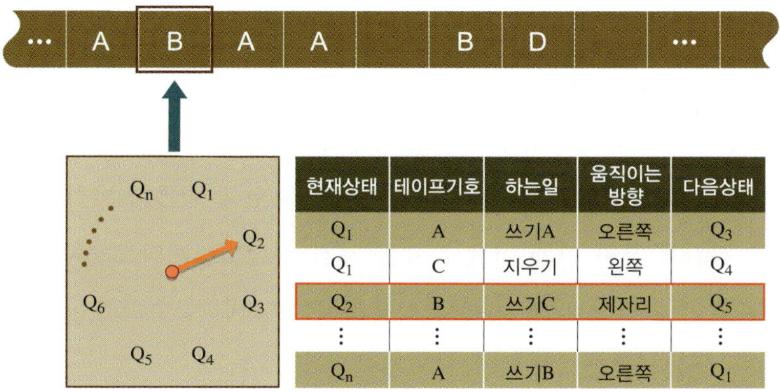

현재상태	테이프기호	하는일	움직이는 방향	다음상태
Q_1	A	쓰기A	오른쪽	Q_3
Q_1	C	지우기	왼쪽	Q_4
Q_2	B	쓰기C	제자리	Q_5
⋮	⋮	⋮	⋮	⋮
Q_n	A	쓰기B	오른쪽	Q_1

그림 7.4_ 튜링기계의 구조

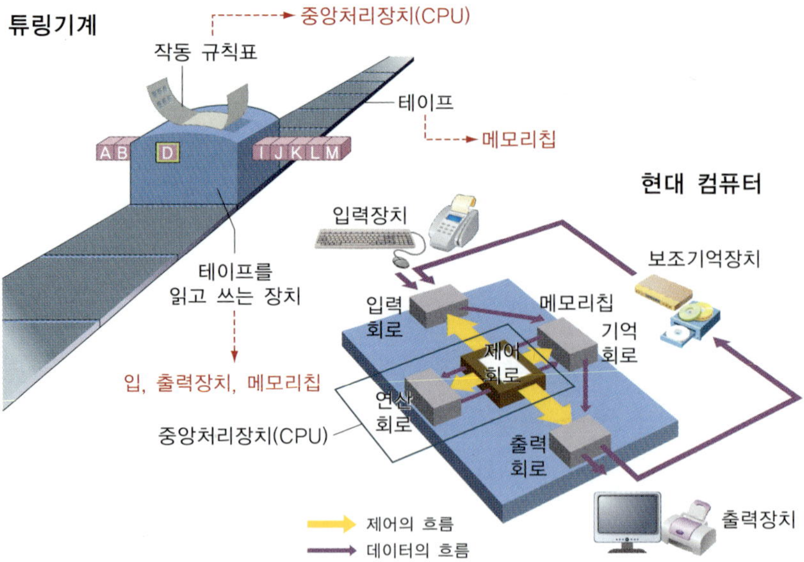

그림 7.5_ 튜링기계와 현대 컴퓨터의 관계

적 연산이나 논리적 추론을 실행할 수도 있으며 수학적 명제를 증명할 수 있는 이론적인 기계였다. 튜링기계는 무한 테이프와 테이프의 문자를 읽고 쓰는 장치 그리고 작동 규칙표로 이루어졌다.

튜링기계는 현재 우리가 사용하는 컴퓨터의 원형이 되었고, 무한 테이프는 컴퓨터의 메모리, 테이프의 읽고 쓰는 장치는 입출력 장치, 작동 규칙표는 중앙처리장치(CPU)에 해당한다.

알고리즘의 정의는 튜링머신에 의해서 실행될 수 있는 과정을 정의한 것이다. 즉, 정해진 규칙에 따라 단계적으로 문제를 푸는 방법으로 유한 시간과 유한 단계 안에 문제를 해결하도록 설계된 과정이다. 튜링은 그의 논문에서 이 기계를 사용하여 그 어떤 알고리즘으로도 처리할 수 없는 문제가 존재한다는 것을 증명하였다.

위에서 소개한 튜링의 연구결과 중 가장 널리 알려진 것은 1950년에 철학 저널인 'Mind'에 실린 "계산 기계와 지성(Computing Machinery and Intelligence, 1950)"이다.

"기계가 생각할 수 있을까?(Can Machines Think?)"라는 문장으로 시작하는 이 논문은 현대의 인공지능에 대한 실질적인 개념에 시작을 알리는 논문으로 알려져 있다. 이 논문은 다음 문장으로 이어진다.

> "이를 위해서는 우선 '기계'와 '생각하다'의 의미를 정의해야 한다. … 이 새로운 형식은 '모방 게임(Imitation Game)'이라고 부를 수 있을 것이다."

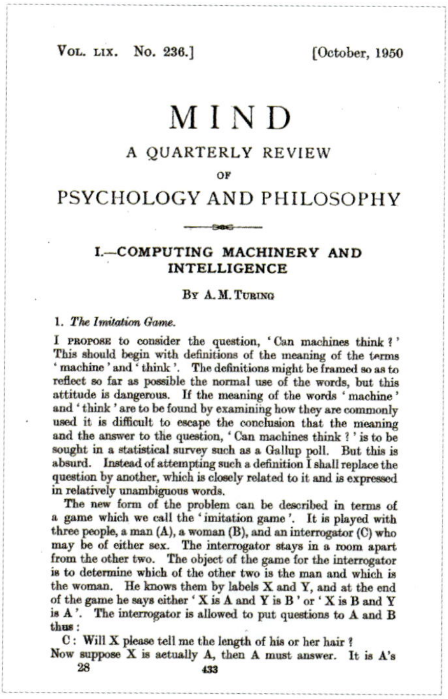

VOL. LIX. No. 236.] [October, 1950

MIND

A QUARTERLY REVIEW OF PSYCHOLOGY AND PHILOSOPHY

I.—COMPUTING MACHINERY AND INTELLIGENCE

BY A. M. TURING

1. *The Imitation Game.*

I PROPOSE to consider the question, 'Can machines think?' This should begin with definitions of the meaning of the terms 'machine' and 'think'. The definitions might be framed so as to reflect so far as possible the normal use of the words, but this attitude is dangerous. If the meaning of the words 'machine' and 'think' are to be found by examining how they are commonly used it is difficult to escape the conclusion that the meaning and the answer to the question, 'Can machines think?' is to be sought in a statistical survey such as a Gallup poll. But this is absurd. Instead of attempting such a definition I shall replace the question by another, which is closely related to it and is expressed in relatively unambiguous words.

The new form of the problem can be described in terms of a game which we call the 'imitation game'. It is played with three people, a man (A), a woman (B), and an interrogator (C) who may be of either sex. The interrogator stays in a room apart from the other two. The object of the game for the interrogator is to determine which of the other two is the man and which is the woman. He knows them by labels X and Y, and at the end of the game he says either 'X is A and Y is B' or 'X is B and Y is A'. The interrogator is allowed to put questions to A and B thus:

C: Will X please tell me the length of his or her hair?

Now suppose X is aetually A, then A must answer. It is A's

28 433

그림 7.6_ 논문 '계산 기계와 지성'의 첫 페이지

자료: Computing Machinery and Intelligence, 앨런 튜링, 1950.

튜링은 '생각'이라는 모호한 개념에서 오는 혼돈을 피하고자 이 질문을 "우리가 할 수 있는 것을 기계가 할 수 있는가?"의 모방문제로 바꾸어 다시 질문하였다. 그 당시의 기술 실력으로는 튜링 자신도 그에 대한 긍정적인 증명까지는 내놓지 못하였지만, 논문에서 그의 질문에 대한 과학적으로 실증적인 근거로 기계의 지능을 판별하기 위한 모방게임(Imitation Game)을 제안하였고, 현재 이를 튜링 테스트(Turing Test)라고 부르고 있다.

모방 게임, 즉 이미테이션 게임은 앞서 소개한 영화의 제목으로도 사용되었다. 튜링 테스트에서는 지능이 무엇이냐에 대한 문제는 잠시 놓아두고, 대신 기계가 하는 말이 사람과 구분하는 것이 가능한지 또는 가능하지 않은지를 생각한다. 그리고 만약 기계와 대화를 할 때 기계가 하는 말이 사람의 말과 아주 비슷해서 구분되지 않을 정도라면, 기

그림 7.7_ 튜링 테스트의 과정

계가 사람과 같다고 볼 수 있다는 것이다. 사람은 지능을 가지고 있다고 보는 것이 자명하므로 기계가 마치 사람으로 여겨진다면, 이 기계도 지능을 가졌다고 볼 수 있다고 생각하는 것이 모방 게임, 즉 튜링 테스트인 것이다.

튜링 테스트를 좀 더 자세히 설명하면 다음과 같다. [그림 7.7]과 같이 사람(A)과 기계(B) 그리고 질문자 사람(C)이 벽으로 구분이 되어 서로 알아볼 수 없는 독립된 공간에 있으며 질문자(C)는 두 대상인 사람(A)과 기계(B)를 추측할 수 없다고 가정한다. 질문자(C)가 추측 불가능한 두 대상 (A), (B)와 소통하기 위한 도구는 화면과 키보드뿐이다. 질문자(C)는 화면과 키보드만 가지고 대화를 하면서 상대방이 기계인지 사람인지를 맞추는 것이다. 여러 대화를 나눈 후에 질문자가 상대방이 기계인지 사람인지 판별하지 못 하는 경우 기계(B)는 이 튜링 테스트를 통과하게 되는 것이다.

이 논문의 내용 중 또 하나의 중요한 점은 단지 계산하는 기계인 컴퓨터의 모형을 제안하는 것에 그치지 않고, 기계 학습(Learning Machine)에 대한 아이디어를 제안하였다는 것이다. 다음은 논문의 한 구절이다.

> "어른의 마음을 재현하는 프로그램을 만드는 대신에 아이의 마음을 재현하는 것은 어떤가? 적절한 교육을 받는다면 어른의 뇌를 얻을 수 있을 것이다. … 따라서 우리는 문제를 두 부분으로 나누었다. 어린아이의 같은 기초적인 프로그래밍을 하는 것과 그 프로그램이 진화하도록 교육과정을 프로그래밍하는 것이다. 이 둘은 밀접하게 연결되어 있다."

인간이 어린아이의 지능에서 학습을 통해 어른의 지능으로 진화를 하는 것과 같이 기계도 기초적인 시작 단계의 지능과 학습을 위한 교육프로그램이 있다면, 기계도 진화할 수 있을 것이라는 생각을 제시한 것이다. 학습을 통한 스스로의 진화라는 부분이 일반 디지털 컴퓨터와 인공지능의 차이점이 된다.

튜링은 튜링 머신으로 현재의 컴퓨터의 모형을 제시하였지만, 튜링이 실제로 제시한 것은 스스로 학습하여 진화하는 인공지능이다. 튜링의 논문으로 인공지능은 시작이 되었다.

2. AI의 역사

인공지능(Artificial Intelligence, AI)이라는 용어의 기원을 살펴보면, 튜링이 사망하고 2년이 지난 1956년 여름 미국 다트머스 대학에 있던 존 매카시(John McCarthy) 교수가 개최한 다트머스 콘퍼런스에서 처음으로 인공지능이라는 용어를 사용하였고, 그 회의가 인공지능 연구의 시점이라고 말할 수 있다.

2-1 규칙기반 인공지능에서 인공신경망 기반 인공지능으로

다트머스 콘퍼런스 이후 규칙기반(또는 기호 주의) 인공지능이라는 방법론이 융성하였다. 규칙기반 접근법은 수학처럼 기호와 규칙을 통해서 풀려고 하는 접근법이고 튜링의 꿈이기도 하였다. 그러나 이 방법은 세상의 모든 것을 인간이 직접 기호화하거나 규칙으로 표현해야

그림 7.8_ 인공지능이라는 분야를 확립한 학술회의 '다트머스 콘퍼런스'
자료: Wikipedia

했기 때문에 비용과 시간이 너무 많이 드는 근본적인 한계가 있었다. 이 시기부터 인공지능 연구의 첫 번째 암흑기를 맞이하게 되었다.

그 후 새로운 방법론인 학습기반 인공지능이 제시되었다. 이는 일반적으로 데이터를 학습한다는 의미에서 기계 학습(Machine Learning)이라고 불렀다. 머신러닝에는 인공신경망 외에도 선형회귀, 로지스틱스 회귀 등 다양한 모델이 있지만, 인공신경망은 다른 모델과 비교하여 시스템 구현의 자유도가 높아서 활용도가 매우 높았다.

인공신경망 기반(또는 학습기반) 인공지능 연구의 기원을 찾아보면, 신경외과 의사인 워렌 맥컬룩(Warren Sturgis McCulloch)과 논리학자 월터 피츠(Walter Harry Pitts)가 전기 스위치처럼 온/오프로 조작할 수 있는 기초기능을 가진 인공신경을 그물망 형태로 연결하면, 사람의 뇌에서 작동하는 아주 간단한 기능을 흉내를 낼 수 있고, 신경

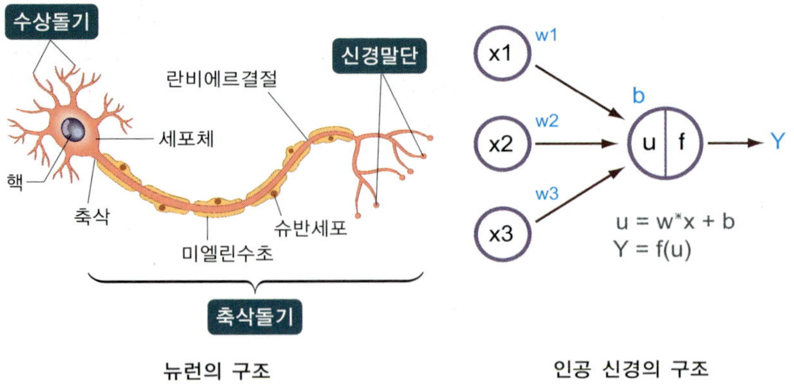

그림 7.9_ 뉴런의 구조와 인공 신경의 구조

망 내에서 반복적인 신호가 발생하였을 때, 신경세포들은 그 신호를 기억하는 일종의 학습효과가 있다는 것도 증명하였다.

이 연구는 1958년에 코넬대학 심리학자인 프랭크 로젠블랫(Frank Rosenblatt)의 연구에 결정적인 영향을 주게 되었고, 이 연구에서 여러 개의 신호를 받아서 하나의 신호를 출력하는 Perceptron(뇌신경을 모사한 인공 신경 뉴런)이 탄생하였다. 이것을 바탕으로 인공신경망 기반 인공지능 연구가 부흥기를 맞이하게 되었다.

하지만 1969년 마빈 민스키(Marvin Lee Minsky)와 시모어 페퍼트(Seymour Papert)는 저서를 통해 퍼셉트론은 AND와 OR 사이의 선형 분리가 가능한 문제에 적용하는 것은 가능하지만, XOR 문제에는 적용할 수 없다는 것에 대한 수학적 증명을 발표하였다. 그 후 여러 연구자에 의해 은닉층이 여러 개인 다층신경망으로 XOR의 문제에 적용할 수 있음을 수학적으로 증명하였다. 하지만 다층신경망의 학습 방법은 초깃값에 대한 의존도가 매우 크기 때문에 새로 학습할 때마다 다른 결과가 나타났고, 이러한 현상은 인공신경망이 깊이가 깊어

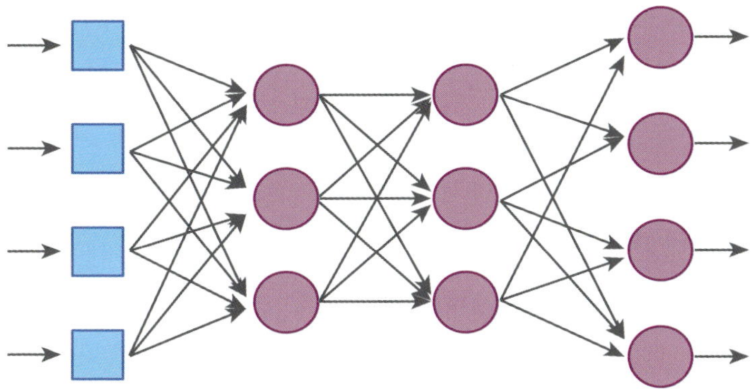

그림 7.10_ 두 개의 은닉층이 있는 다층신경망

질수록 반복해서 발생하였다. 이를 계기로 인공지능에 대한 대규모의 연구는 중단되었고, 다시 인공지능 연구는 암흑기에 접어들었다.

2-2 딥러닝에 들어서다

2006년 토론토 대학의 제프리 힌턴(Geoffrey Everest Hinton) 교수는 "A fast learning algorithm for deep belief nets(2006)"라는 한 논문을 발표하였다. 제프리 힌턴은 지금까지의 한계를 극복하기 위해 프로그래머가 명령과 지시를 직접 입력하는 지도학습에서 기계에 수많은 데이터를 입력해 주고 스스로 학습하게 하는 강화학습으로 변경하였다. 이러한 시도는 속도와 기능의 측면에서 크게 발전된 인터넷 검색과 검색엔진이 있었기 때문에 가능하였고, 이전보다 훨씬 방대한 빅데이터를 수집할 수 있게 되었기 때문에 가능한 일이었다.

이러한 강화학습 기반으로 은닉층의 개수가 많은 신경망을 심층신경망(Deep Neural Network, DNN)이라고 하고, 이런 심층신경망을 학습시키는 방법을 심층 학습(Deep Learning)이라고 명명하게 되었다.

이 논문을 발표한 지 6년 후인 2012년에 힌턴은 세계 최대 이미지 인식 경연대회 'ILSVRC'에서 딥러닝의 가능성을 확실하게 보여주었다. 인공신경망 기반 인공지능의 두 가지 학습 방법인 머신러닝과 딥러닝의 개념을 종합해 보면 다음과 같다.

① 머신러닝은 주어진 소재에 대해 인간이 먼저 훈련데이터를 알맞게 분류하여 기계가 인식하기 쉽게 처리하는 과정을 거친 후에 기계는 이 데이터에 포함된 특징을 분석하고 축적한다. 마지막으로 기계는 축적된 데이터를 바탕으로 이미지의 특징을 종합해 낸다. 즉, 사물의 특징을 기계에 인식시키고 학습시킴으로써 문제를 해결하는 것이 머신러닝이다.

② 딥러닝은 인간이 수행하던 분류작업을 생략한다. 데이터를 그대로 컴퓨터에 입력하고 딥러닝 알고리즘의 심층신경망(DNN)을 이용하여 스스로 분석한 후에 답을 산출하는 방식이다. 컴퓨터의 연산능력이 비약적으로 발전하였기 때문에 딥러닝이 가능하게 된 것이다.

인공지능의 모델이 되는 인간의 뇌에 대한 지식은 아직 기초단계이고 뇌에 대한 연구가 활발하게 진행 중이다. 현재 뇌를 모방한 컴퓨터, 즉 인공지능을 만들고 궁극에는 뇌와 컴퓨터를 호환시키려는 프로젝트가 진행 중이다. 그리고 다양한 분야에서 인공지능에 대한 실생활에서의 활용에 대한 연구도 진행 중이다.

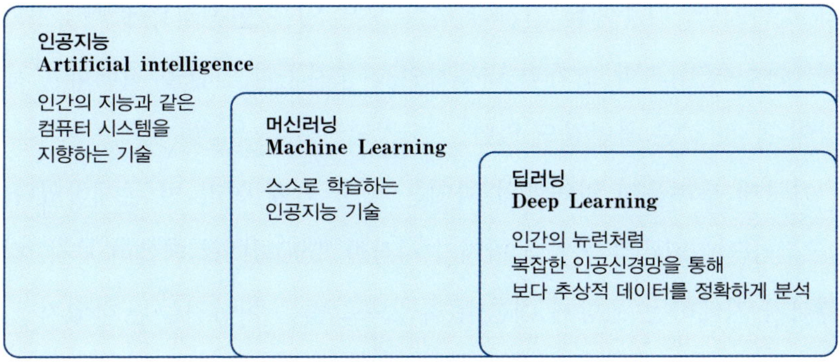

그림 7.11_ 인공지능, 머신러닝, 딥러닝의 관계

3. AI 시대의 수학적 사고

3-1 수학적 사고란 무엇인가?

사실 인공지능의 시대를 살아가는 데 반드시 인공지능의 원리를 알아야 하는 것은 아니다. 자동차의 구조나 동작 원리를 모두 알아야 운전을 할 수 있는 것은 아니듯이 인공지능도 대부분 기본적인 알고리즘은 라이브러리로 제공되기 때문에 정해진 규칙대로만 활용하면 원하는 결과를 어렵지 않게 얻을 수 있다.

우리는 이러한 인공지능의 발전으로 이미 많은 편리함을 누리고 있고, 인공지능이 앞으로 다가올 엄청난 발전을 기대하면서도 인간을 위협할지도 모른다는 두려움을 가지고 있다.

현실적으로 보면 과거에는 인간이 수행하던 일을 인공지능이 수행하게 되면서 인간은 직장을 잃게 되기도 하고, 몇몇 직업들이 없어지기도 하였다. 현재는 인공지능의 개발단계가 인간을 위한 인공지능이라고 하지만, 나중에는 인간이 하는 모든 일을 인공지능에 빼앗기고 결국에는 공상과학 영화의 내용처럼 인공지능이 인간을 지배하는 세상이 올 것 같은 불안감도 있다.

이렇게 두려움이 만연했던 과거는 역사 속에 여러 번 존재하였다. 가장 최근에 컴퓨터가 널리 퍼지기 시작한 1990년대를 떠올려 보자. 컴퓨터가 지배하는 세상에 대한 두려움으로 많은 이야기들을 하였지만, 지금은 대다수가 개인용 컴퓨터를 가지고 있고, 더욱이 손안에는 스마트폰이라는 작은 컴퓨터를 가지고 사용을 한다. 컴퓨터가 없는 세상은 상상하지 못하는 현재의 우리를 볼 수 있다.

그 당시에 우리가 예상한 것처럼 현재 컴퓨터는 우리의 일부 능력을 가지고 우리의 일을 대신 수행하고 있다. 그러나 현재 우리는 컴퓨터를 잘 이용하여 작업을 하고 있고, 점점 더 새로운 분야의 일들이 생겨나고 있다. 즉, 일반 컴퓨터나 스마트폰이 하는 일은 이제 우리 인간이 직접 수행하지 않고, 우리가 해야 할 일을 새로이 만들어가며 발전을 하고 있다. 인간의 새로운 능력을 컴퓨터의 상용화 이후에 만든 것이다.

우리 인간은 계속해서 사회와 과학을 발전시켜 왔다. 인간의 끊임없는 발전 원동력 중 하나로 인간의 사고력을 꼽을 수 있다. 인간의 사고가 발전의 원동력이 되도록 하는 중요한 열쇠는 인간은 항상 끊임없이 질문하고 그 질문에 대한 답을 찾으려 한다는 것이다. 인간의 역사 발전의 중요한 고비마다 인간은 질문을 하였고, 그에 대한 답을 찾으려는 다양한 노력의 과정이 있었다. 이러한 우리 주위의 현상에 대해 질문하는 것이야말로 수학이 추구하는 궁극적인 목적이다. 수학은 이것을 수학적 사고라고 한다.

일반적으로 수학적 사고는 정확히 계산의 과정이나 엄격하고 논리적으로 증명하는 과정을 생각할 것이다. 물론 이러한 부분도 수학의 한 부분이겠지만, 수학적 사고는 세상에 대한 질문을 하고 이에 대한 대답을 찾아가는 과정에서 세상을 보는 눈을 키우는 것이다.

> "수학적으로 사고를 한다는 것은 우리가 무엇을 모르는지를 정확하게 질문하고, 우리가 어떤 종류의 해결점을 원하는지를 파악하고, 그에 필요한 프레임과 개념 도구를 만들어가는 과정이다."

앨런 튜링은 "기계도 생각하는가?"라는 질문을 하였고, 그에 대한 답으로 튜링머신과 튜링 테스트를 제시하였다. 이는 질문에 대한 정확한 답은 아니지만, 질문에 대한 프레임과 개념 도구로서 하나의 제시였다. 그리고 이러한 근사적인 답은 새로운 시대를 여는 시발점이 되었다.

수학은 반드시 정확한 답만을 구한다고 생각하겠지만, 우리가 문제의 이해와 프레임 그리고 문제 해결을 위한 도구를 가지고 있다면, 그 계산은 실제로 인공지능에 수없이 반복되는 정확한 계산을 맡겨도 된다. 단지 우리에게 필요한 것은 정확한 질문과 이해이다.

실제로 수학의 역사에서 많은 틀린 정리와 증명도 많았지만, 이러한 실패가 현상을 이해하는 데 큰 도움을 주기도 하였다. 우리에게 주어진 환경의 조건이 무엇인지를 확인하게 하는 과정이었다. 이러한 수학적 사고는 인공지능 시대에 우리들의 두려움에 대응하는 인간만이 할 수 있는 능력을 개발하는 하나의 사고의 훈련과정이다.

3-2 인공지능의 이해와 활용에 필요한 수학

인공지능 알고리즘을 제대로 사용해보고 싶은 사람은 알고리즘의 내부 작동도 궁금할 것이다. 이런 내부의 작동을 이해하고 싶다면, 수학적 지식이 어느 정도 필요하다.

그러나 인공지능, 즉 머신러닝이나 딥러닝을 직접 구현하는 전문가가 되고자 하는 사람은 물론이고, 이미 구현한 모델을 사용하는 사람에게도 머신러닝과 딥러닝이 무엇인지 그리고 무엇을 하는지를 알아야 할 필요가 있다. 구현된 다수의 라이브러리가 공개되어 있고 플랫폼과 결합하여 원하는 머신러닝 및 딥러닝 서비스를 만드는 일은 4차 산업혁명 시대에는 일반적으로 일어나게 될 일이다. 이러한 서비스를 이용하는 경우 사용하고자 하는 목적에 맞는 시스템을 요구하기 위해서 머신러닝이나 딥러닝의 내부 구조의 용어를 아는 것은 매우 유용할 것이다.

인공지능은 큰 데이터집단(Dataset)으로부터 특정 목적에 맞는 가치 있는 데이터를 추출하고 예측하여 미래의 상황에 대처하는 프로세스를 의미한다. 현재의 인공지능의 단계는 기계 학습의 알고리즘의 단계이다. 기계 학습의 중심 요소는 다음과 같은 세 가지인 자료(Data), 모형(Model), 학습(Learning)이다.

데이터를 컴퓨터나 시스템에 입력하기 위해 수치적으로 표현하는 방법이 벡터와 행렬의 표현이다. 일반적인 데이터를 특정 목적에 맞는지에 대한 유사성을 측정할 수 있도록 모형화의 과정(Modeling Process)이 필요하다. 학습이란 모형에서의 매개변수를 최적화하여 목적에 유사한 출력값을 다시 점검하고, 매개변수를 새로이 배정하여 다시 한번 모형에 입력하면서 최적의 적합한 유사성을 가진 데이터가 나올 때까지의 반복적인 프로세스를 거치게 된다. 이 세 가지의 개념과 원리는 수학적 원리 위에 세워졌다.

이러한 인공지능, 특히 머신러닝에 가장 기본적으로 사용된 수학은 다소 특정한 부분에 치우쳐있기 때문에 모든 영역의 수학이 필요한 것은 아니다. 예를 들어, 인공지능에서는 최적화(Optimization)를 위한 미분이 사용되는 반면, 적분은 거의 사용하지 않는다. 또한, 벡터나 행렬과 같은 선형대수에 나오는 지식은 데이터를 이해하기 위한 기본적인 요소이다.

인공지능 분야에서 수학을 공부하는 목적은 수학을 체계적으로 공부하기보다는 인공지능 관련으로 나오는 수식에 대한 거부감을 줄이는 것이 가장 큰 목적이다. 또한, 인공지능의 방법론은 현재 진행형이고 좀 더 새롭고 복잡한 체계가 세워질 수 있는 수학의 기초원리를 어느 정도는 이해하여 새로운 인공지능 알고리즘에 대처할 수 있는 자세를 키우는 것이 수학을 공부하는 목적 중의 하나이다.

3-3 필요한 수학의 분야와 개념

수학적 사고의 개발과 인공지능 개념의 이해를 위해 다음과 같은 수학의 네 분야를 소개하고자 한다.

① 기본수학

첫 번째로 필요한 분야는 기본수학이다. 기본수학은 인공지능을 이해하는 데 필요한 최소한의 수학적 개념으로 고교 수학 과정, 대학 기초 수학 과정 수준의 내용이다. 예를 들어, 우리가 아는 대수적 식의 개념, 함수의 개념을 자유롭게 사용할 수 있어야 한다.

인공지능을 다루고 있는 책이나 글을 읽다 보면 자연스럽게 수식들을 만나게 되는데, 모든 알고리즘의 과정에서 함수 표현을 많이 사용하기 때문에 함수의 개념을 확실하게 알아야 한다. 기존의 우리의 교과서에서 형식적으로 수식으로 사용했던 함수의 모습이 아닌 알고리즘 안에서의 함수는 생소하게 다가올 수 있으므로 개념적으로 자유롭게 사용할 수 있도록 상수, 변수, 식, 함수와 같은 개념들을 공부할 필요가 있다.

이 인공지능을 위한 기본수학에서 다루는 주요 내용으로는 변수와 상수, 식, 좌표계, 함수의 개념, 제곱근, 지수와 로그함수, 삼각함수, 수열과 집합 등이 있다.

변수와 상수를 구분하는 것은 매운 중요한 부분이다. 특히, 인공지능에서 사용되는 모델 중의 하나인 신경망(Neural Network)에서는 가중치라는 개념이 있다. 이 가중치는 학습의 과정에서 변수의 역할을 하는데, 학습이 끝나고 해당 가중치를 학습모형에 사용할 때는 가중치가 상수의 역할을 하게 된다. 이 경우는 중학교에서 처음으로 방정식의 해를 구하기 위해 문자를 사용하여 방정식을 표현하고 해를 구하는 과정에서 문자 변수에 적응을 하는 과정과 비슷하다고 할 수 있다.

또한, 가장 중요하게 다루는 개념 중 하나는 함수이다. 함수는 인공지능뿐만이 아니라 일반적인 프로그래밍에서도 많이 사용되는 개념으로 입력값에 대한 출력을 생각하는 관점에서 보면 함수의 개념은 가장 중요한 개념이다. 함수의 식을 표현하는 방법에 따라서 1차 함수,

2차 함수, 로그함수, 지수함수 그리고 이들을 이용하여 인공지능 모델에서 활성화 함수(Activating Function)로 사용되는 특수함수들이 있다.

② 극한과 미분

수학에서 특정한 점에서 함수값의 변화를 살펴보기 위해 미분의 개념은 매우 중요하다. 미분은 그래프의 어느 지점에서 아주 짧은 시간 동안에 변화하는 비율을 나타내는 개념으로 다양한 전공에서 폭넓게 사용된다. 일반 이공계열을 위한 대학의 기초수학에서는 미분과 적분을 함께 다루지만, 인공지능을 위한 수학에서는 미분을 주로 배운다. 왜냐하면, 기계학습에서 적분은 거의 사용하지 않고 있기 때문이다. 함수의 값이 어느 지점에서 최소가 되는지를 알아내는 것을 최적화 문제(Optimization Problem)라 하며 이는 매우 중요한 분야이다.

인공지능에서 학습이란 신경망에서 원하는 결과를 얻기 위해 뉴런 사이의 적당한 가중치를 알아내는 것, 즉 가중치를 최적화하는 것이라고 할 때 미분 개념은 인공지능의 가중치 계산의 핵심이다. 손실함수(Loss Function)는 실제값과 측정값의 오차를 표현하는 함수인데, 미분을 이용하여 이 손실함수의 최솟값을 구하는 방법을 경사하강법(Gradient descent)이라 한다. 경사하강법은 미분의 극대 및 극소 개념을 이용하여 가중치를 갱신하기 때문에 함수의 극한 개념을 알아두면 인공지능을 좀 더 잘 이해할 수 있다.

③ 선형대수

선형대수학은 벡터공간과 선형변환을 중심으로 한 과목으로 다양한 분야에 폭넓게 사용되고 있다. 선형대수가 많이 사용되는 이유는 방대한 양의 데이터나 복잡한 시스템을 비교적 간단하게 표현할 수 있을 뿐만 아니라 컴퓨터로 계산하기 편리하기 때문이다.

인공지능은 자료를 다룰 때 다양한 범주의 데이터를 만나게 되는데, 이러한 경우에는 데이터를 벡터로 표현한 후에 벡터끼리 덧셈이나 뺄셈과 같은 계산을 할 수 있게 된다. 예를 들어, 컴퓨터에서 언어를 처리하기 위해 단어들을 마치 벡터처럼 취급하는 방법으로 'word2vec'가 있다. 이 방법은 2013년에 구글이 발표한 방법으로 일단 벡터로 변환되면 벡터의 연산인 덧셈을 단어들 사이에도 수행할 수 있게 한다. 이 벡터들 사이의 유사도(Similarity)를 측정하는 경우에 벡터의 내적이 사용되기도 하며, 검색엔진에서 데이터를 다루는 방법이다.

또한, 신경망의 계산에서 각 계층의 입력 노드에서 다음 층의 출력 노드로 가는 가중치가 주어질 때, 이를 선형 변환인 행렬로 표시하고 행렬의 곱으로 여러 층으로 구성된 신경망을 표시하고 계산한다.

행렬의 고유벡터와 고유값 등의 성질들을 이용하여 데이터가 가진 고유의 성질을 알아내는 방법(PCA) 등도 많이 이용되고 있다.

④ 확률과 통계

확률과 통계는 어떤 경향을 알아낸 후, 한정된 데이터로부터 전체의 모양을 예측하기 위해 많이 사용된다. 확률에 대한 수식의 표현이나 분산 가능도 그리고 정규분포와 같은 용어에 익숙해져야 하고 그 의미가 무엇인지도 어느 정도 이해하고 있어야 한다.

인공지능의 궁극적인 목표는 어떤 데이터를 분류하거나 값을 예측하는 것이다. 이때 데이터의 분류나 미지의 값의 예측은 확률과 통계를 토대로 한다. 따라서 확률과 통계는 인공지능의 결과를 도출하는 과정을 이해하는 기본이 된다.

신경망에서 가중치도 확률에 해당하는 개념이다. 또한, 최대가능도 추정(MLE)은 이미 확보된 데이터를 사용하여 미처 알지 못하는 모델의 매개변수를 추정할 때 사용하는 통계기법으로 머신러닝에서 최적화된 가중치를 찾을 때 많이 사용되는 방법이다. 최대가능도 추정에서 나오는 문제점을 보강하는 방법으로 베이즈 정리가 이용된다. 이 방법은 주어진 데이터의 다양한 매개변수를 고려하여 최적의 매개변수를 찾는 MAP이라고 알려져 있다.

또한, '통계기반 머신러닝'이라는 독자적인 알고리즘도 널리 사용되고 있어서 통계의 개념은 인공지능의 매우 중요한 기본개념이다.

활 동 1

|1| 기계와 인공지능의 차이는 무엇인지 논의하시오.

|2| 인간과 인공지능의 차이는 무엇인지 논의하시오.

|3| 나의 전공을 기반으로 인공지능이란 무엇이고, 또 어떠한 것들이 필요한지 논의하시오.

7장 참고문헌

- 인공지능, 아직 쓰지 않은 이야기, 고마다 아카히코 저, 박재완 역, 샘터, 2017.
- 인공지능 및 딥러닝 동향, 구형일, 전기의 세계 67(7), 7-12, 2018.
- 수학이 필요한 순간, 김민형, 인플루엔셜, 2018.
- 다시, 수학이 필요한 순간, 김민형, 인플루엔셜, 2020.
- 너무 많이 알았던 사람, 데이비드 리비트 저, 고종숙 역, 승산, 2006.
- 앨런 튜링, 지능에 관하여, 앨런 튜링 저, 노승영 역, HB Press, 2019.
- 컴퓨터과학이 여는 세계, 이광근, 인사이트, 2015.
- 프레디쿠스, 임영익, 클라우드나인, 2019.
- 인간지능과 기계지능: 인지주의 인공지능, 장병탁, 정보과학회지 36(1), 17-26, 2018.
- 딥러닝 레볼루션, 테렌그 J. 세즈노스키 저, 안진환 역, 한국경제신문사, 2019.
- 인공지능과 딥러닝, 마쓰오 유타카 저, 박기원 역, 동아엠앤비, 2015.
- 인공지능 AI, 2018.7.16., https://firerisk.blog.me/221320162983.
- 오래된 AI 판별법 '튜링테스트'...여전히 유효한가?, 2019.8.9., https://blog.naver.com/tech-plus/221611103759.

8장

학습으로 진화하는 AI

1. 학습 모델과 알고리즘

아마존, 구글, 애플 등 글로벌 IT 기업들이 AI 스피커 시장에 뛰어들었다. 국내에서는 SK텔레콤, KT, 네이버, 삼성전자 등도 이 시장에 관심을 보인다. AI 스피커는 인공지능 알고리즘을 이용하여 사용자와 음성으로 의사소통할 수 있는 도구이다. AI 스피커를 이용하면 음성인식을 통해 AI 스피커와 연동된 집안의 기기들을 목소리만으로도 간편하게 제어하여 손쉽게 스마트홈 환경을 구축할 수 있다.

AI 스피커에 내장된 음성비서가 인간처럼 대화하려면, 먼저 AI가 대화의 의도와 패턴을 학습하는 과정이 필요하다. 학습에 필요한 데이터가 많으면 많을수록 더 빠르고 정확하게 학습할 수 있다. 글로벌 IT 기업들은 인공지능 기술을 발전시키기 위해 스마트 스피커, 스마트폰 등에 음성비서를 탑재하고 거대한 데이터를 수집하고 있다.

챗봇(Chatbot)은 메신저에서 일상 언어로 대화할 수 있는 채팅로봇

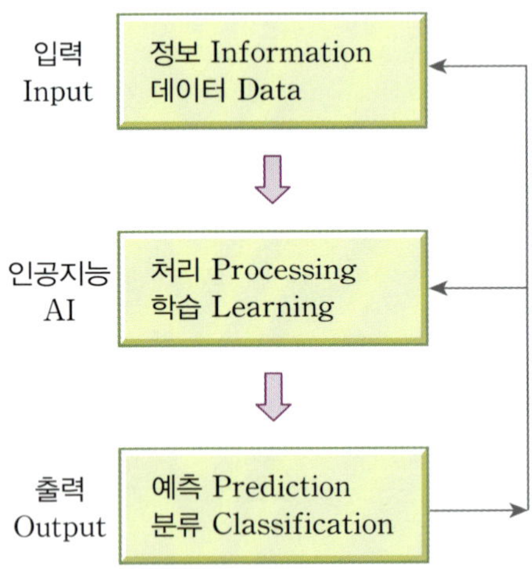

그림 8.1_ AI의 처리 및 학습 과정

프로그램이다. 정해진 응답 규칙을 바탕으로 메신저를 통해 사용자와 대답할 수 있도록 구현된 시스템으로 홈쇼핑, 인터넷 쇼핑몰, 보험사, 은행, 음식 배달, 숙박 예약 등의 분야에서 소비자의 질문에 응답하거나 소비자의 성향을 바탕으로 적합한 상품을 추천해 주는 역할로 활용되고 있다.

챗봇과 원활하게 대화하기 위해서는 AI와 빅데이터 분석 기술을 기반으로 기계가 음성·문자 등을 식별할 수 있는 패턴인식 기술, 인간의 언어를 컴퓨터에 인식시켜 질의응답·번역 등에 활용하는 자연어 처리 기술, 컴퓨터가 정보를 이해하고 논리적으로 추론할 수 있는 시멘틱 웹 기술, 문자로 구성된 데이터에서 유용한 정보를 찾아내는 텍스트 마이닝 기술, 대화 상대의 상황과 문맥을 파악하는 상황인식 컴퓨팅 기술 등이 필요하다.[1]

예를 들어, 온라인 쇼핑몰에서 상품을 추천하는 경우를 생각해보자. 고객 A와 B에 대해 다음과 같은 구매기록이 있다고 가정하자.

- 고객 A: 전동 드릴, 스포츠 운동화, 야구 배트, 스포츠 의류
- 고객 B: 여성용 니트, 유아용 분유, 기초 화장품, 유아용 의류

이때 구매기록을 통해 고객 A가 활동적인 남성이고, 고객 B가 아이가 있는 여성이라고 유추할 수 있을 것이다. 그리고 과거의 구매기록을 분석함으로써 다음과 같은 추천 규칙을 만들어 낼 수 있다.

---

1 네이버 지식백과, 인공지능(AI) 스피커–음향 기기를 넘어 스마트 도구로(용어로 보는 IT, 이지영).

■ 고객 A 추천: IF 구매기록='전동 드릴 & 스포츠 운동화'
THEN 추천=스포츠 의류

■ 고객 B 추천: IF 구매기록='여성용 니트 & 유아용 분유'
THEN 추천=유아용 의류

하지만 온라인 쇼핑몰에서 다루는 상품과 고객이 많아질수록 사람이 이와 같은 규칙을 일일이 만들어 내는 것은 불가능하다. 이 경우 머신러닝과 같은 학습법을 사용하여 다음과 같은 형식의 규칙(Rule)들을 필요한 만큼 만들 수 있다.

■ IF (조건)
THEN (출력)

이 경우 학습(Learning)은 고객들의 구매기록이라는 데이터를 사용하여 '조건-출력'에 해당하는 조합들을 찾아내는 것을 의미한다. 그리고 학습을 통해 만들어진 추론규칙들을 이용하여 새로운 거래에 대해 추천할 수 있으며, 추천 결과를 다시 데이터로 축적하여 추론규칙을 수정, 제거, 추가할 수 있다.

다른 예로, 어떤 백화점에서 고객의 나이와 소득을 이용하여 '연간 구매 가능 금액'을 예측하려 한다고 가정하자. 이 경우 한 가지 방법은 다음과 같은 함수식의 형태로 구매 가능 금액을 예측할 수 있다.

■ 구매 가능 금액 = b_1 × 나이 + b_2 × 월 소득
= 3.5 × 나이 + 0.1 × 월 소득

예를 들어, 어떤 고객의 나이가 40세이고 월 소득이 500만 원이라면, 위의 함수식을 이용하여 그 고객의 연간 구매 가능 금액을 $3.5\times40+0.1\times500=190$만 원으로 예측할 수 있다. 이 경우 학습은 고객들의 나이, 월 소득, 연간 구매금액이라는 데이터를 사용하여 $b_1=3.5$, $b_2=0.1$이라는 계수(Coefficient)를 찾아내는 것을 의미한다.

이러한 예를 통해 알 수 있듯이 AI의 학습을 위해서는 먼저 학습 모델(Model)이 설정되어야 한다. 학습 모델은 IF-THEN과 같은 추론 규칙의 형태일 수도 있고, $Y=b_1X_1+b_2X_2$와 같은 함수식의 형태일 수도 있다. 이 외에도 다양한 형태의 학습 모델이 존재한다. 그리고 IF-THEN 형태의 추론규칙 모델에서 '조건-출력'들을 찾아내거나 함수식에서 b_1, b_2를 찾아내는 방법이 필요하며 이것을 '학습 알고리즘'이라고 한다.

실제 문제에서 AI 학습을 수행하기 위해서는 데이터 분석가가 상황에 맞는 학습 모델과 알고리즘을 설정해 주어야 하며, 많은 머신러닝 및 데이터 마이닝 소프트웨어들은 이러한 과정을 쉽게 처리할 수 있도록 설계되어 있다. 예를 들어, [그림 8.2]는 가장 널리 사용되고 있는 빅데이터 분석 소프트웨어인 SAS Enterprise Miner의 화면을 보여주고 있다.

데이터 분석가들은 모델 결과를 평가하고 모델 예측의 타당성 검사를 하는데 있어 절대적으로 필요하며, 다양한 학습 모델과 알고리즘을 다룰 수 있는 데이터 과학자(Data Scientist)에 대한 수요는 계속 늘어날 것으로 전망된다.

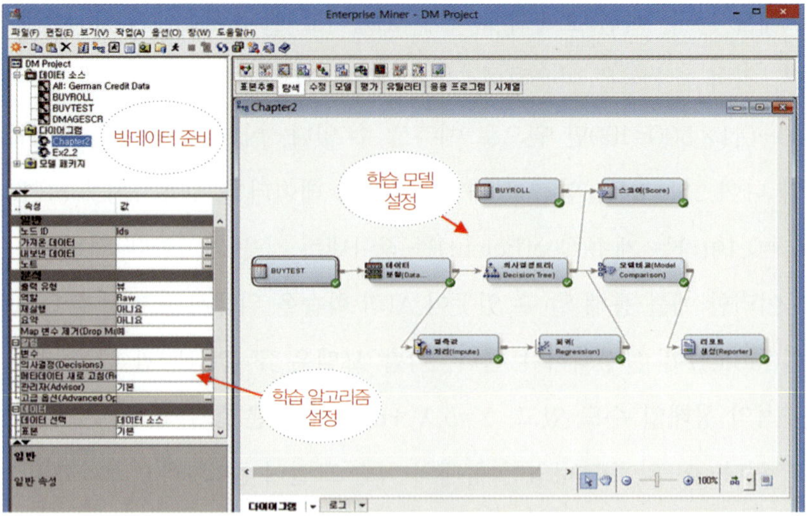

그림 8.2_ SAS Enterprise Miner의 학습 과정

2. 빅데이터 분석

대부분의 AI는 숫자, 문자, 영상, 음성 등의 정보를 입력값으로 받아들이고, 정보의 내용을 처리하여 출력값으로 내보낸다. 따라서 정확하고 효율적인 학습을 위해서는 대량의 데이터가 필수적이다.

빅데이터는 데이터의 생성 양, 주기, 형식 등이 기존 데이터와 비교하여 너무나도 크기 때문에 종래의 방법으로는 수집, 저장, 검색, 분석이 어려운 방대한 데이터를 말한다. 빅데이터는 각종 센서와 인터넷의 발달로 데이터가 늘어나면서 나타난 개념으로 컴퓨터 및 처리기술이 발달함에 따라 디지털 환경에서 생성되는 빅데이터와 이를 분석함으로써 질병이나 사회현상의 변화에 관한 새로운 시각이나 법칙을 발견할 가능성이 커졌다. 일부 학자들은 빅데이터를 통해 인류가 유사 이래 처음으로 인간 행동을 예측할 수 있는 세상이 열리고 있다고 주장하기도 한다.

디지털 경제의 확산으로 우리 주변에는 규모를 가늠할 수 없을 정도로 많은 정보와 데이터가 생산되는 빅데이터 환경이 도래하고 있다. PC와 인터넷, 모바일 기기 이용이 생활화되면서 사람들이 곳곳에 남긴 발자국(데이터)은 기하급수적으로 증가하고 있다. 트위터에서만 하루 평균 1억 5500만 건이 생겨나고, 유튜브의 하루 평균 동영상 재생 건수는 40억 회에 이른다. 글로벌 데이터 규모는 수십 제타바이트(Zettabyte, ZB)로 증가할 것으로 예측한다. 1ZB는 1,000엑사바이트(Exabyte, EB)이고, 1EB는 미 의회도서관 인쇄물의 10만 배에 해당하는 정보량이다.

주요 도로와 공공건물은 물론 심지어 아파트 엘리베이터 안에까지 설치된 CCTV가 촬영하고 있는 영상 정보의 양도 상상을 초월할 정도이다. 그야말로 일상생활의 행동 하나하나가 빠짐없이 데이터로 저장되고 있는 셈이다. 민간 분야뿐 아니라 공공 분야도 데이터를 양산하고 있다. 센서스(Census)를 비롯한 다양한 사회 조사, 국세 자료, 의료보험, 연금 등의 분야에서 데이터가 생산되고 있다. 스마트워크의 본격화도 데이터 증가를 가속화 할 전망이다.[2]

기업의 빅데이터 활용은 고객의 행동을 예측하고 대처방안을 마련하여 기업경쟁력을 강화시키고, 생산성 향상과 비즈니스 혁신을 가능하게 한다. 공공 기관에서도 빅데이터의 등장은 시민이 요구하는 서비스를 제공할 기회로 작용한다. 이는 '사회적 비용 감소와 공공 서비

---

2 빅데이터, 정용찬, 커뮤니케이션북스, 2013.

스 품질 향상'을 가능하게 만든다. 미 대통령 과학자문위원회는 2010년에 발간한 '디지털 미래 전략(Designing a Digital Future)'이라는 보고서에서 "모든 연방정부 기관은 빅데이터 전략이 필요하다."라는 것을 강조하였다. 2012년에 열린 다보스 포럼에서도 위기에 처한 자본주의를 구하기 위해 '사회 기술 모델(Social and Technological Models)'을 제시하여 빅데이터가 사회현안 해결에 강력한 도구가 될 것으로 예측하였다. 우리나라 국가정보화전략위원회도 2011년 '빅데이터를 활용한 스마트 정부 구현(안)'을 보고하였다. 빅데이터는 민간 기업은 물론 정부를 포함한 공공 부문의 혁신을 수반하는 패러다임의 변화를 의미한다.

빅데이터는 초대용량의 데이터양(Volume), 다양한 형태(Variety), 빠른 생성 속도(Velocity)라는 뜻에서 '3V'라고도 불리며, 여기에 네 번째 특징으로 가치(Value)를 더해 '4V'라고 정의하기도 한다. 빅데이터에서 가치가 중요 특징으로 등장한 것은 엄청난 규모뿐만 아니라 빅데이터 대부분은 비정형적인 텍스트와 이미지 등으로 이루어져 있고, 이러한 데이터들은 시간이 지나면서 매우 빠르게 전파하며 변함에 따라 그 전체를 파악하고 일정한 패턴을 발견하기가 어렵게 되면서 가치 창출의 중요성이 강조되었기 때문이다.[3]

2-1 정량적 데이터

어떤 유통회사 또는 백화점은 구매 가능성이 큰 고객을 선별하여 쿠

3 PMG 지식엔진연구소, 2012.

폰을 지급한다. 어떤 이동 통신회사 또는 보험회사 등은 이탈할 가능성이 큰 고객을 미리 파악하여 대응한다. 이렇듯 기업이 그들의 고객과 상호교류하는 방식은 지난 몇 년 사이 엄청나게 바뀌고 있으며, 기업들은 고객을 더 잘 이해하고 그들이 원하는 것에 더 빨리 대응해야 할 필요성을 느끼고 있다. 많은 기업들은 컴퓨터 · 데이터베이스에 수록된 개별고객 차원의 데이터에 통계적 분석과 모델링 기법을 적용하여 잠재 고객 및 현재 고객과의 직접적인 커뮤니케이션을 위한 비용 효율적인 마케팅 프로그램을 개발하고 있다.

정량적(Quantitative) 데이터는 숫자 및 코드 등으로 이루어진 정형 데이터이다. 정량적 데이터는 일반적으로 행(Row)과 열(Column)로 이루어진 형태이며, [표 8.1]은 간단한 정량적 데이터의 예를 제시한 것이다. 여기에서 행은 개별 개체(Observation)들을 구분하며 레코드(Record)라고 불리기도 하고, 열은 개체들의 특성(Feature)을 구분하며 변수(Variable)라고 불리기도 한다.

표 8.1_ 정량적 데이터의 예

번호	성별	나이	지역	구매 여부	구매금액
1	1	18	A	1	125
2	2	25	D	0	35
3	1	67	D	1	150
4	1	43	B	1	45
5	1	28	A	0	13
6	2	53	C	0	38
7	1	42	A	0	20
⋮	⋮	⋮	⋮	⋮	⋮

이와 같은 형태의 데이터는 전통적인 데이터베이스 컴퓨팅에서 저장, 가공, 분석이 쉽기 때문에 AI 학습을 위해 가장 널리 사용된다. 일반적으로 변수의 개수는 수백 또는 수천 개일 수 있으며, 개체의 개수는 수천만 또는 수억 개가 될 수 있다. 주로 정량적 데이터를 다루는 머신러닝 분야를 데이터 마이닝(Data Mining)이라고 한다.[4]

2-2 문자·영상·음성 데이터

주차장에 자동차가 접근하면 카메라에 찍힌 사진을 통해 컴퓨터가 번호판을 인식한다. 스마트폰으로 어떤 사물을 사진으로 찍어 앱에 업로드하면 그 사물이 무엇인지 알려주거나 관련 있는 정보를 제공해 준다. CCTV에 칼과 같은 물건이나 위험한 소리가 감지되면 위험신호를 자동으로 출력하는 프로그램도 개발되고 있다.

빅데이터 분석은 정량적인 정형 데이터뿐만 아니라 비정형 데이터에 대한 처리를 포함하는데, 비정형 데이터란 숫자 및 코드로 이루어진 정형 데이터와는 달리 문서, 영상, 음성과 같이 형태와 구조가 복잡해서 정형화되지 않은 데이터를 의미한다. 전통적인 형식의 컴퓨팅에서는 이와 같은 비정형 데이터를 처리하거나 학습하는 것이 쉽지 않다. 따라서 AI 학습 모델이 다룰 수 있도록 정형화된 형태로 바꾸어서 처리하는 것이 일반적이다.

예를 들어, [그림 8.3]과 같이 '5'라는 필기체 숫자를 나타내는 그림이 있다고 가정하자. 이 그림을 9개의 영역으로 분할하여 각 영역에서

---

4 강현철 외, 2014.

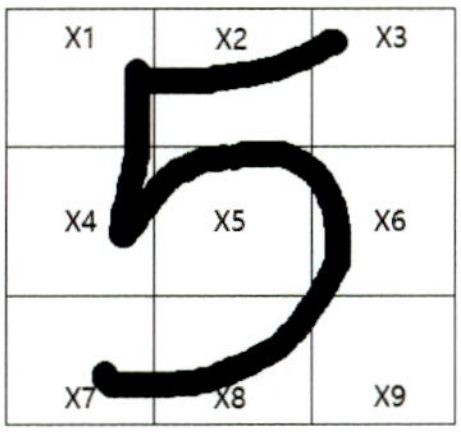

Y	X1	X2	X3	X4	X5	X6	X7	X8	X9
3	0.05	0.14	0.18	0.05	0.11	0.23	0.13	0.14	0.12
5	0.09	0.15	0.03	0.07	0.16	0.12	0.04	0.13	0.01
7	0.18	0.13	0.11	0.01	0.12	0.01	0.00	0.15	0.00
1	0.00	0.21	0.00	0.00	0.18	0.00	0.00	0.17	0.00
5	0.08	0.16	0.04	0.08	0.15	0.11	0.05	0.12	0.02
...	...	...	...	...	...	...	...	...	...

그림 8.3_ 문자를 정량적 데이터로 바꾸는 예

검은색의 비율을 측정하여 X_1, X_2, …, X_9와 같은 정량적 특성으로 표현할 수 있다. 물론 더 세밀하게 분할한다면 보다 많은 정량적 특성을 얻을 수 있을 것이다. 이러한 방식으로 수천 또는 수만 개의 필기체 숫자를 정량적 특성으로 표현함으로써 AI 학습을 위한 데이터를 구축할 수 있다. [그림 8.3]의 정량적 데이터에서 Y는 각 개체의 내용을 나타내는 정답 레이블(Label)이다.

이와 유사하게 장미꽃, 고양이, 책상 등을 나타내는 그림이나 영상, 음성 등도 정답 레이블과 정량적 특성으로 표현하여 데이터를 구축할 수 있다. 숫자, 그림, 영상, 음성 등을 인식하는 머신러닝 분야를 패턴 인식(Pattern Recognition)이라고 한다.

2-3 텍스트 데이터

여론을 파악하거나 선거결과를 예측하기 위해 소셜 미디어 텍스트가 활용되기도 한다. 검색엔진에서는 찾고자 하는 논문의 제목 또는 논문의 저자와 발간 연도를 검색하면, 해당 논문뿐만 아니라 해당 논문이 인용되었거나 유사한 주제를 다룬 논문까지 함께 찾아준다. 검색엔진에 독감 등 특정 질병에 대한 검색이 급증하는지를 파악하여 질병의 유행을 예상하기도 한다. 또한, 번역기에서는 어떤 단어든지 다양한 언어로 번역해 주기도 한다.

텍스트 데이터의 원천은 매우 다양하다. 도서나 논문으로부터 텍스트를 수집할 수도 있고, 기업이나 공공 기관의 웹사이트 및 게시판에서 텍스트를 얻을 수도 있다. 또한, 네이버나 다음과 같은 포털사이트, 페이스북, 트위터와 같은 소셜 미디어에서 텍스트를 수집할 수도 있다. 텍스트 데이터도 그 자체로는 컴퓨터로 처리하거나 학습하기가 쉽지 않다. 따라서 AI 학습 모델이 다룰 수 있도록 정형화된 형태로 바꾸어서 처리하는 것이 일반적이다.

예를 들어, [표 8.2]에서는 특정 검색조건으로 수집한 몇 개의 신문기사가 제시되어 있는데, 각 문서에서 특정 단어가 나타나는 빈도를 세어 X_1, X_2, …, X_N과 같은 정량적 특성으로 문서를 표현할 수 있다. 이러한 방식으로 '문서-단어 빈도 행렬'이라고 하는 정량적 데이터를 구축할 수 있다. 주로 텍스트 데이터를 다루는 머신러닝 분야를 텍스트 마이닝이라고 한다.

텍스트 마이닝은 우리가 인지하지 못하는 사이에도 이미 생활과 밀접한 관계에 있다. 특정 주제어로 논문을 검색하거나 책을 찾을 때, 텍스트 마이닝으로 문서들이 요약된 데이터베이스를 사용한다. 제품이 처음 출시되었을 때도 신상품을 접한 고객들의 리뷰의 감성 분석을 통해 제품의 초기 반응과 품질을 점검하기도 한다. 전화나 인터넷으로 서비스에 대한 불만 등이 제기되는 경우 이를 분석하여 향후 서비스의 개선에 활용한다. 소셜 미디어에서는 게시글 및 댓글 데이터를 분석하여 잠재적 사이버 범죄를 예방하기도 한다. 또한, 여러 게시글 데이터를 분석하여 마케팅에 사용할 수도 있다. 일부 소셜 미디어에서는 과거에 검색했던 주제와 관련된 광고가 선별되어 나타나는 것을 볼 수 있는데, 이것 또한 텍스트 데이터를 활용하여 검색어 혹은 검색어 묶음과 관련된 상품 혹은 서비스를 찾아주는 알고리즘에 기반한 것이라 볼 수 있다.[5]

표 8.2_ 텍스트를 정량적 데이터로 바꾸는 예

문서 번호	내용
1	정부가 COVID-19 확산에 따른 경제위기를 극복하고 서민 주거 안정을 위해 서민용 정책성 대출상품의 금리를 일괄 인하하는 방안을 검토 중이다.
2	서울 아파트 평균 매매가격이 조사 이래 처음으로 9억 원을 넘어선 것으로 나타났다.
3	한국감정원에 따르면 서울 아파트값은 최근 2주 연속 보합(0%)을 기록하며 상승을 멈췄다.
⋮	⋮
M	최근 서울 강남권 아파트를 중심으로 공동주택 공시가격을 조금이라도 내리기 위한 집단 민원 움직임이 활발하다.

⬇

문서 번호	X_1 (정부)	X_2 (서울)	X_3 (서민)	X_4 (아파트)	…	X_N (경제위기)
1	1	0	2	0	…	1
2	0	1	0	1	…	0
3	0	1	0	1	…	0
⋮	⋮	⋮	⋮	⋮	⋮	⋮
M	0	1	0	1	…	0

5 김수현 외, 2019.

3. 학습의 유형

앞에서 AI의 학습을 위해서는 학습 모델과 알고리즘이 필요하다는 것으로 설명한 바 있는데, 학습 모델과 알고리즘을 구현하는 기술을 머신러닝이라고 한다. 즉, 머신러닝이란 데이터 패턴 또는 규칙을 추출하는 기술(모델+알고리즘)을 의미한다. 머신러닝은 상당히 추상적인 용어이며, 머신러닝에 속하는 기법들도 매우 다양하다. 많은 경우 머신러닝은 데이터 마이닝과 구별되지 않고 사용되기도 한다.

딥러닝은 머신러닝의 여러 가지 기술 중 하나로 인공신경망이라는 기법에서 발전한 것이다. 딥러닝은 상당한 규모의 데이터와 고성능 컴퓨터를 필요로 하지만, 매우 복잡한 학습 문제를 다룰 수 있다. 이세돌 기사와의 세기적인 바둑 대결로 유명한 알파고는 딥러닝 기술이 적용된 대표적인 사례이다.

여러 가지 머신러닝 또는 데이터 마이닝 학습 기술들은 일반적으로 지도학습, 비지도학습, 강화학습이라는 세 가지 유형으로 분류되기도 한다.

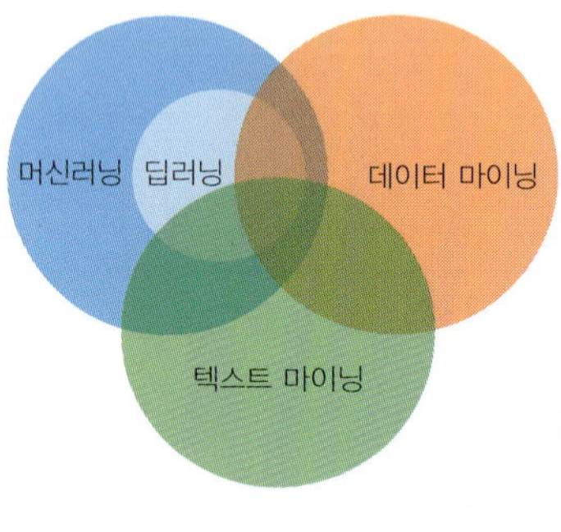

그림 8.4_ 머신러닝, 딥러닝, 데이터 마이닝, 텍스트 마이닝의 관계

3-1 지도학습

지도학습(Supervised Learning)은 입력특성과 출력값(정답 레이블)을 데이터로 함께 제공하고 학습을 수행하도록 하는 방법이다.

[표 8.3]은 지도학습을 위한 데이터의 예이다. 성별(X1), 나이(X2), 직업(X3) 등은 개인의 특성을 나타내는 입력값이고, 신용상태(Y)는 예측을 목표로 하는 출력값이다. 그리고 [그림 8.5]는 이 데이터에 의사결정트리(Decision Tree)라고 하는 머신러닝 기술을 적용하여 얻은 학습 결과의 예이다. 먼저, 신용상태의 좋음/나쁨을 분류하기 위해 나이(X1)가 중요한 특성임을 찾아내었고, 나이가 20대인 경우에 비해 30대 이상인 경우 신용상태가 좋을 가능성이 크다는 것을 찾아내었다. 그리고 나이가 30대 이상인 경우에는 직업이 신용상태를 분류하는 데 중요한 특성임을 찾아내었다. 이러한 결과를 통해 다음과 같은 분류규칙을 만들어 낼 수 있다.

- 규칙 ①: IF 나이='30대 이상' & 직업='B'
  THEN 좋을 가능성=55.6%
- 규칙 ②: IF 나이='30대 이상' & 직업='A, C'
  THEN 좋을 가능성=84.5%
- 규칙 ③: IF 나이='20대'
  THEN 좋을 가능성=40.0%

이제 새로운 개인에 대해 성별(X1), 나이(X2), 직업(X3) 등이 주어지면, 위의 규칙에 따라 신용상태가 좋을 가능성을 예측하고 좋음/나

표 8.3_ 지도학습을 위한 데이터의 예시

번호 (ID)	성별 (X1)	나이 (X2)	직업 (X3)	신용상태 (Y)
1	1	20대	A	Bad
2	2	30대	D	Good
3	1	40대	D	Bad
4	1	40대	B	Good
5	1	30대	A	Good
6	2	40대	C	Good
7	1	20대	A	Bad
⋮	⋮	⋮	⋮	⋮

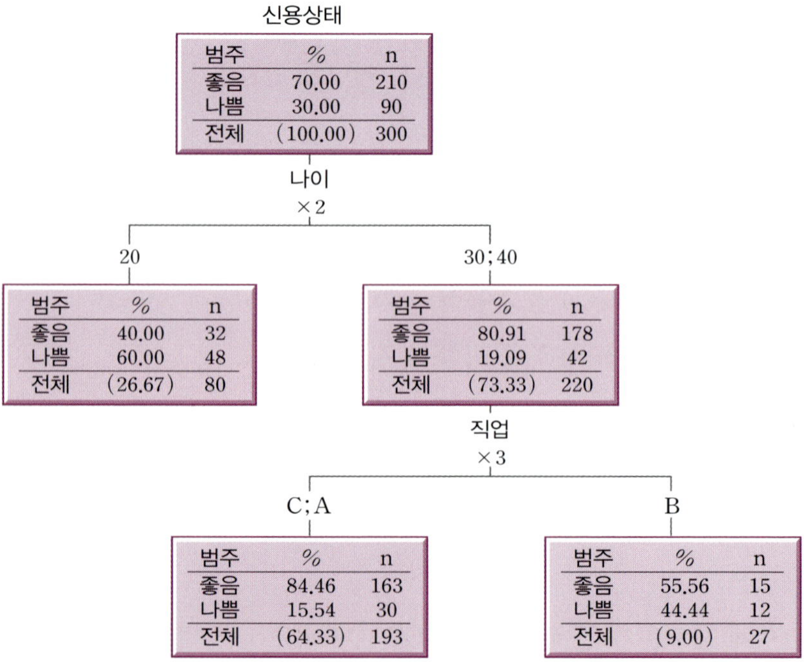

그림 8.5_ 의사결정트리의 예시

뽑을 분류할 수 있다.

주어진 입력특성을 통해 문자, 영상, 음성을 인식하거나 텍스트의 내용으로부터 텍스트의 주제를 분류하는 것 등이 지도학습의 다른 예이다.

3-2 비지도학습

비지도학습(Unsupervised Learning)은 입력특성만을 데이터로 함께 제공하고 학습을 수행하도록 하는 방법이다.

[표 8.4]는 비지도학습을 위한 데이터의 예이다. 여기에서 입력특성은 각 문서에 해당 단어가 나타났는지를 나타낸다고 하자. 그리고 두 개의 문서에 몇 개의 단어가 함께 나타났는지를 세어 가까운 정도를 측정한다고 가정하자.

표 8.4_ 비지도학습을 위한 데이터의 예시

문서 번호	X1 (텍스트)	X2 (데이터)	X3 (알고리즘)	X4 (로직)	X5 (사례)
1	1	0	1	1	0
2	0	1	1	1	0
3	1	0	0	0	0
4	0	0	0	1	1
5	0	0	0	1	0
6	0	0	0	0	1

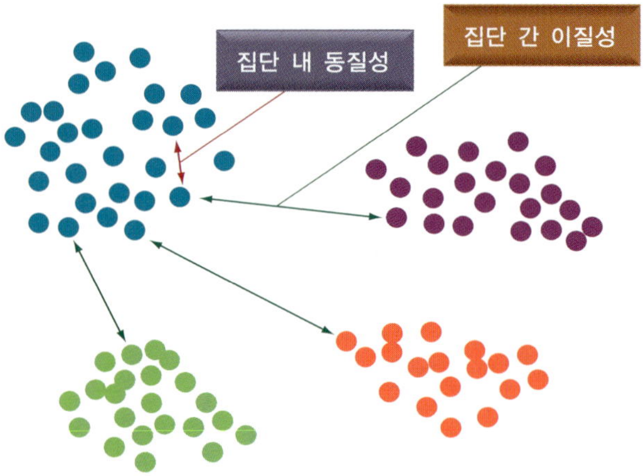

그림 8.6_ 개체들의 군집화

- 문서 1과 문서 2의 가까운 정도=2
- 문서 1과 문서 3의 가까운 정도=1
- 문서 1과 문서 6의 가까운 정도=0

이제 문서들의 가깝고 먼 정도를 통해 가까운 문서들을 같은 그룹으로 묶고, 먼 문서들은 다른 그룹으로 나눌 수 있다. 군집화(Clustering)는 비지도학습의 대표적인 기법으로 유사한 개체들을 그룹화하여 각 그룹의 특성을 파악하는 방법이다.

기업에서 유사한 거래 특성을 가진 고객들을 그룹화하고 마케팅 캠페인에서 그룹별 전략을 수립하는 것이 비지도학습을 적용하는 예이다.

3-3 강화학습

강화학습(Reinforcement Learning)은 특정 상태에서 행동을 취하게 한 후, 그 결과가 좋은지 나쁜지를 평가하여 행동의 결과가 좋을 때 보상(Reward)을 주는 방식으로 어떤 행동이 최선인지를 학습하도록 하는 방법이다. 특히, 바둑, 체스, 게임, 로봇, 내비게이션 등의 학습에서 주로 사용된다.

예를 들어, 구글의 딥마인드가 개발한 AI 바둑 프로그램인 알파고는 지도학습과 강화학습을 결합하여 엄청난 성능을 가지게 되었다. 과거의 수십만 개의 기보에서 착점 위치, 순서 정보라는 입력특성과 승·패라는 출력값을 주고 딥러닝 기법으로 지도학습을 수행하였으며, 자가 대국을 통해 스스로 생성한 기보를 이용하여 강화학습을 수행함으로써 더 높은 승률을 가지는 쪽으로 행동할 수 있도록 발전하였다.

활동 1

|1| 학습을 위해 사용될 수 있는 빅데이터의 실제 예시에는 무엇이 있는가?

|2| 지도학습, 비지도학습, 강화학습의 예시에는 무엇이 있는가?

|3| 머신러닝(빅데이터 분석)을 위한 학습 모델의 종류는 무엇이 있는가?

8장 참고문헌

- SAS Text Miner를 활용한 텍스트 마이닝 방법론, 강현철, 자유아카데미, 2020.
- 빅데이터 분석을 위한 데이터 마이닝 방법론, 강현철, 한상태, 최종후, 이성건, 김은석, 엄익현, 자유아카데미, 2014.
- 경제분석을 위한 텍스트 마이닝, 김수현, 이영준, 신진영, 박기영, BOK 경제연구, 제2019-18호, 한국은행 2019.
- 네이버 지식백과, 인공지능(AI) 스피커-음향 기기를 넘어 스마트 도구로(용어로 보는 IT, 이지영).
- 네이버 지식백과. 챗봇(시사상식사전, PMG 지식엔진연구소).
- 네이버 지식백과. 머신러닝(국립중앙과학관-사물인터넷).
- 빅데이터, 정용찬, 커뮤니케이션북스, 2013.
- 시사상식사전, PMG 지식엔진연구소, 박문각, 2012.

9장

AI 시대의 맞춤형 식생활

과거에는 질병에 걸릴 가능성을 가족력으로 예측하였고, 그 질병에 걸리지 않도록 생활습관 등을 바꾸는 예방책을 사용하였지만, 가족이라고 해서 모두 같은 질병에 걸리지는 않는다는 것이 보고되었다. 이것은 유전자의 변이인 단일염기 다형성(Single Nucleotide Polymorphism, SNP)이 가족끼리 유사한 것들도 있지만, 개인별로 차이가 있는 것도 있으므로 가족 내에서도 특정 질병에 대한 위험도에 차이가 있다는 것을 의미한다.

또한, 식이나 질병 상태와 밀접한 관련이 있는 장내 미생물 균총도 개인의 질병 발생에 영향을 미치므로 개인별로 SNP와 장내 미생물 균총을 조사한 뒤 특정인에게 취약한 질병을 파악하여 그 질병을 예방하는 방안을 모색하고 질병에 걸렸을 때, 적극적이고 효과적인 치료를 할 수 있도록 하는 것이 정밀의료다. 즉, 정밀의료(Precision Medicine)란 유전체, 장내 미생물, 임상데이터, 생활환경 및 습관정보 등을 기반으로 개인의 질병에 걸린 가능성을 예측하여 질병을 예방하고, 질병에 걸리면 개인 맞춤형 치료를 제공하는 차세대 의료패러다임인 것이다.

이러한 정밀의료에 관여하는 데이터는 광범위하고 정보의 양도 방대하여 의료 관계자들이 임상 자료를 보고 직관적으로 판단해서 치료법을 제시하기에는 어려운 점이 있다. 따라서 인공지능을 통해 유전체 정보와 장내 미생물 균총 정보를 종합하고, 개인의 취약한 질병을 파악하여 식생활이나 운동 등의 생활습관 정보와의 상관관계를 분석한다. 그 후, 개인의 유전체와 장내 미생물 정보에 맞는 식생활과 운동 관리를 위한 정보를 제공하여 개인이 건강하게 장수할 수 있도록 하는 의료패러다임의 변화가 나타나고 있다. 그러므로 개인이 식생활이나 운동 관리를 할 수 있도록 정보를 제공하는 과정이 필요하다. 본 장에서는 개인의 유전체와 장내 미생물의 정보에 따라 식생활과 운동 관리를 할 수 있는 방법에 대해 소개하고자 한다.

1. 건강과 식생활

세계보건기구에서는 건강을 단지 허약하지 않은 상태나 병에 걸리지 않는 상태뿐만 아니라 정신적, 신체적, 사회적으로도 완전한 안녕 상태라고 정의하였다. 즉, 건강한 삶을 유지하기 위해서는 신체적으로 정신적으로 질병에 걸리지 않고, 건전한 사회생활을 할 수 있는 상태여야 한다. 건강을 결정하는 요인은 크게 유전적, 환경적, 제도적 요인으로 나눌 수 있다. 환경적 요인은 개인의 주위에 조건으로 공기 오염, 수질오염, 식품 오염, 작업환경과 같이 건강에 영향을 미치는 것들과 자신이 가지고 있는 식습관, 흡연, 음주 등과 같은 생활습관 등이 속한다. 제도적인 요인에는 의료제도, 의료정책 등과 같은 보건의료적 요인들이 있다.

질병을 예방하는 건강관리에서 가장 중요한 것은 올바른 생활습관을 가지는 것으로 이것에는 균형 잡힌 식사, 금연, 절주와 적절한 운동을 포함한다. 질병에 걸렸다고 하더라도 올바른 생활습관은 양호한 영양 상태를 유지해줌으로써 질병을 극복하는 데 도움을 주기 때문에 질병 치료의 약물 효과를 극대화할 수 있다. 적절한 운동과 금연 및 절주는 전반적인 양호한 건강을 유지할 수 있도록 도와준다. 최근에는 건강의 개념이 한층 업그레이드되어 육체적·정신적 건강을 추구하는 것뿐 아니라 더 나아가 행복하고 아름다운 삶의 유형 또는 문화를 총칭하는 '웰빙(Well-being)'을 이루고자 한다. 우리나라에서도 웰빙에 대한 관심이 높아지면서 주로 육체적 건강에 초점을 맞추어 유기농·육류의 섭취 감소와 채식 위주의 식사와 요가 등의 운동이 유행하였다. 그러나 웰빙은 건강의 정의에서도 이야기하였듯이 정신적 안정 및 풍요를 추구하고 육체적으로 건전한 삶을 사는 것이 포함되므로 삶의 전반적인 부분에서 웰빙하여 건강을 유지할 수 있도록 노력하는 것이 필요하다. 하지만 이러한 이론을 실천하는 것은 정말 어려운 일이다. 이것에 대한 효과는 개인 차이가 크고, 많은 사람들이 며칠 동안 실천하다가 자포자기하는 경우가 대부분이다. 그러므로 개인에 특성에 맞게 효과가 큰 식생활이나 생활습관의 요인을 찾아 적은 노력으로 큰 효과를 볼 수 있도록 하고자 하는 것이 정밀영양이다. 이 정밀영양은 궁극적으로 정밀의료가 될 수 있도록 밑바탕이 될 수 있다.

2. 정밀의료와 정밀영양

현재까지의 질병은 예방보다는 치료에 더 집중하고 있다. 질병의 예방은 모든 사람에게 똑같이 적용하고 권장하는 올바른 식생활이나 운동과 같은 생활습관 관리를 하도록 것이었다. 그러나 이러한 생활습관 관리 방법은 개인의 생활습관에 많은 변화를 주어야 해서 대부분의 사람들은 시도하더라도 쉽게 자포자기하는 경향을 보였다.

미래의 의료치료는 유전, 장내 미생물, 개인의 특성 등에 따라 미리 질병을 예측하고, 이것을 예방하기 위한 식생활이나 운동과 같은 생활습관을 관리하는 정밀의료가 진행될 것이다. 또한, 질병에 대한 치료법도 개인의 유전과 장내 미생물의 특성에 맞는 약물의 종류 및 용량을 결정하여 약물로 인한 부작용을 줄이고 질병 치료를 최적화할 수 있게 바뀔 것이다(그림 9.1). 더 나아가 예방에 가장 중요한 것이 식생활 관리이며, 모든 사람에게 일률적으로 적용하는 까다로운 식사 관리가 아니라 개인의 유전과 장내 미생물의 특성에 맞는 그 개인에게 꼭 필요한 부분의 식사 관리를 할 수 있도록 하는 것이 정밀영양 또는 맞춤형 영양이다.

정밀의료의 가장 좋은 예는 약물에 대한 반응성이다. 현재까지는 같은 질병이 있는 사람들에게는 모두 같은 약을 같은 용량으로 처방하여 치료하였는데, 이 경우 약 25%만이 약물에 대한 효과가 나타난다고 한다. 그래서 의사들은 환자들에게 한 가지의 약을 사용해보고 효과가 없으면, 약의 용량을 증가시켰다가 그것도 듣지 않으면 다른 약

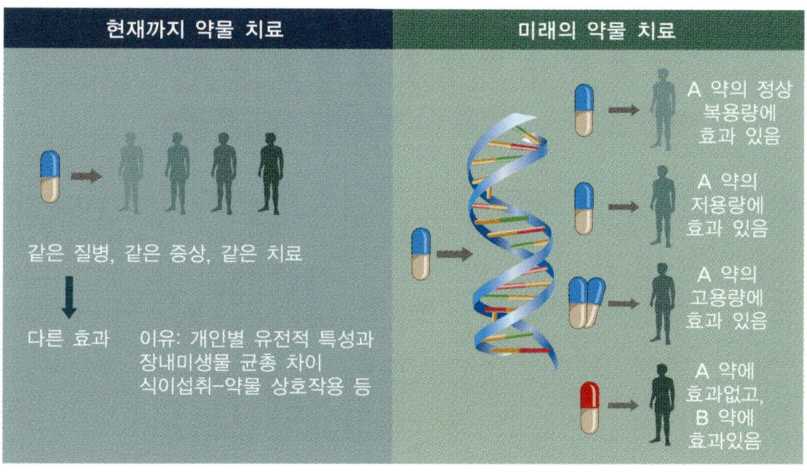

그림 9.1_ 의료 형태의 변화: 정밀의료

자료: AlphaGenomix

으로 바꾸어 처방하였다. 신약개발에서도 시험 대상자의 유전적 소양 등에 의해 신약효과에 대한 차이가 크게 나타나므로 맞춤형 신약을 개발할 때, 임상시험 대상자의 모집에 대해 고려하는 것이 좋다고 보고된다.

예를 들어, 신약의 임상시험에서 대상자의 22%의 사람들이 효과를 나타내면, 미국 FDA에서 신약 임상시험 효과가 임상 대상자의 35%에서 나타나는 것을 기준으로 하고 있으므로 이 신약에 대해서는 실패라는 판정이 부여된다. 이 경우는 유전적으로 이 약물에 민감한 사람들만 선택해서 분석하면 신약의 효과가 43%까지 증가하고, 미국 FDA의 승인 기준을 넘어서는 값이 된다(그림 9.2). 따라서 앞으로는 신약을 개발할 때, 개인의 유전적인 특성에 맞는 신약을 개발하는 것이 효과적인 치료제 개발에도 도움이 될 것이고, 약물의 부작용을 최소화하고 질병을 치료할 수 있는 길이 될 것이다.

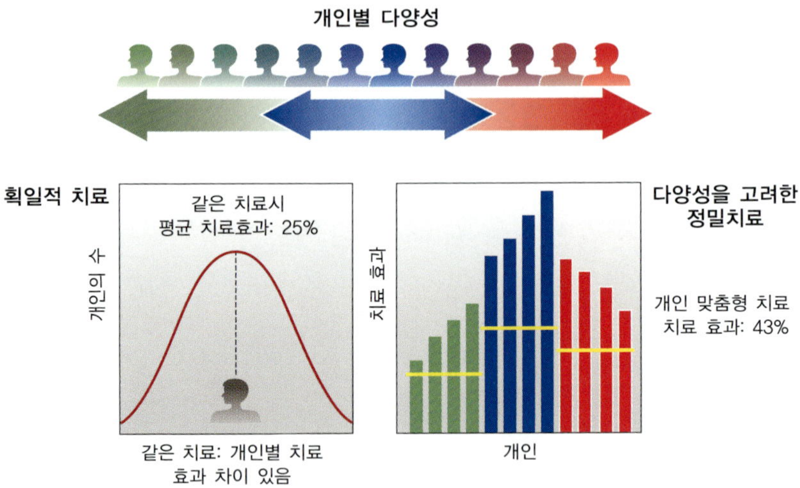

그림 9.2_ 미래에 개인별 다양한 건강상태에 따른 정밀치료

이러한 개인의 유전적인 요인은 정밀의료의 약물에 의한 질병 치료에만 적용되는 것이 아니라 식품이나 건강 기능성 식품을 섭취할 때의 건강 효과에도 영향을 미친다. 건강 기능성 식품은 식품 중에서 특정 질병을 예방하거나 완화시키는 효과가 있는 식품에서 폴리페놀이나 오메가-3 지방산처럼 생리 활성을 가진 성분들을 추출하여 제품화한 것이다. 우리나라에서 건강 기능성 식품은 식약처에서 대사 이상을 예방하거나 완화시킬 수 있는 생리활성을 전임상실험으로 기전을 파악하고, 인체 적용시험을 실시하여 효과가 있는 것을 등록하고 판매할 수 있도록 제도적으로 정하였다.

이러한 건강 기능성 식품의 생리활성 성분은 약과 비교하여 대사가 훨씬 복잡하고, 약과는 달리 복용 후 그 자체로 흡수되지 않으며, 장내 미생물에 의해 분해되는 것이 많다. 그래서 건강 기능성 식품은 유전적인 특성과 함께 장내 미생물에 의한 영향을 받아 약물보다 비반응자의 비율이 더 높다. 예를 들어, 콩에는 이소플라본(isoflavone)인 다이진(daidzin)과 게니스틴(genistin)이 많이 함유되어 있어 피토에스트로겐(phytoestrogen)의 효과가 나타나는데, 모든 사람에게서 피토에스트로겐의 효과가 나타나지 않는다는 것이 보고되고 있다. 이것은 개인마다 가지고 있는 장내 미생물의 균총의 다양성과 총량과 관련이 있을 것으로 생각된다.

다이진과 게니스틴은 다이드제인(daidzein)과 제니스테인(genistein)에 당이 1개 결합된 형태로 장에서 체내로 흡수되기 위해서는 당을 제거하여 다이드제인과 제니스테인의 형태로 전환해야 한다(그림 9.3). 이 과정에 관여하는 것이 특정 장내 미생물이고 이 균들을 가지고 있는 사람들만 콩을 섭취한 후에 피토에스트로겐의 효과가 나타

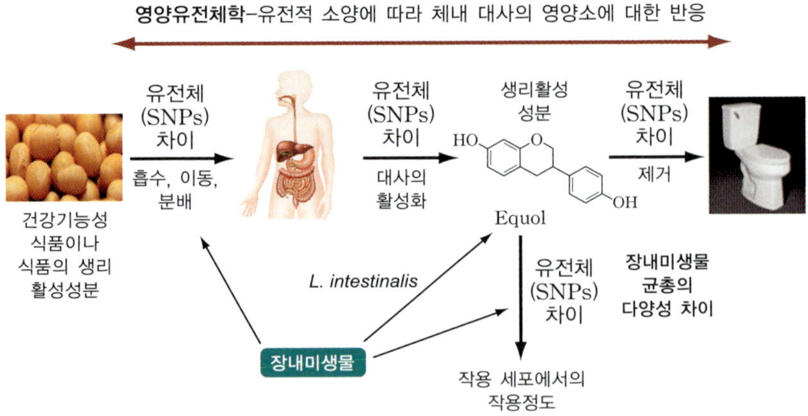

그림 9.3_ 맞춤형 영양과 영양유전체학

난다. 더 나아가 다이드제인은 장내 미생물에 의해 이퀄(equol)로 전환이 가능하며, 이퀄은 다이드제인보다 탁월한 피토에스트로겐의 효과가 있어서 이퀄을 생성하는 균을 가진 사람은 이소플라본을 섭취할 때, 강력한 피토에스트로겐 효과를 나타낸다. 그러나 이퀄을 생성하는 균을 가진 사람은 많지 않고, 특히 콩을 많이 섭취하는 아시아 여성이 이퀄 생성 균을 많이 보유하고 있어서 콩을 섭취한 후 피토에스트로겐의 효과가 크게 나타나는 것으로 알려졌다. 이처럼 건강 기능성 식품은 약물보다도 유전과 장내 미생물에 의한 효과 차이가 크므로 향후 정밀 영양 또는 맞춤형 영양을 적용하는 것이 필요하고, 많은 연구가 필요하다고 볼 수 있다.

장내 미생물이나 유전체 결과는 데이터 용량이 커서 전문가가 한 번에 직관적으로 정리할 수 없으므로 다양한 데이터 분석과 인공지능 방법을 사용하여 분석하고, 개인에게 적용해야 질병을 예방하고 치료를 효과적으로 할 수 있도록 하는 방법을 모색해야 한다. 따라서 인공지능 관련 기술이 발전할수록 정밀의료가 실생활에 더 가까워질 것으로 전망한다.

3. 건강한 체중과 비만

성인의 올바른 식생활을 하는 방법으로 중요한 것은 항상 일정한 정상 체중을 유지하는 것이다. 정상 체중은 체질량지수(Body Mass Index, BMI=체중(kg)/신장의 제곱(m^2))로 계산하여 아시아인을 기준으로 성인 남성은 23kg/m^2, 성인 젊은 여성은 22kg/m^2, 중년 여성은 성인 남자와 같은 값으로 정하고 있다. 평생 정상 체중을 유지하면서 갑작스러운 체중 변화가 없도록 유지하는 것이 가장 중요한 건강의 지표이다. 따라서 과체중이거나 비만일 때 체중을 감량해야 하는데, 이때 한 번에 많은 양을 감량하는 것보다는 이론적으로 체지방을 일주일에 0.5kg 정도 감소시키는 것이 좋다. 근육은 유지하고 체지방을 감소하는 방법은 무산소 운동을 1주일에 30분씩 3회 이상 실시하여 근육의 양을 유지하고, 유산소 운동도 1주일에 30분씩 3회 정도 실시하는 것이 체지방을 감소하는 방법이다.

이러한 운동 처방은 적어도 하루에 200kcal 정도의 열량 소모를 증가시키는 결과를 가져온다. 운동 처방과 함께 개인의 일일 열량 섭취를 정해진 열량 필요 추정량보다 적어도 300kcal 이상을 적게 섭취하면 1주일에 0.5kg을 감량할 수 있다. 그러나 많은 사람이 운동과 식사 조절을 오랫동안 지속하기 어려운 경우가 많이 있다. 이렇게 되면 장기간 식욕을 억제하였던 것이 반사적으로 식사 조절이 어려워지면서 간식 섭취나 폭식으로 이어지고, 이는 곧 요요현상을 나타내면서 체지방이 점점 증가하게 된다. 그러므로 개인의 비만 원인을 찾는 것이 중요한데, 이것에 큰 영향을 미치는 것이 개인의 유전적 소양과 장내 미생물의 균형이다.

예를 들어, 식욕을 억제하기 어려운 경우는 단기간에 체중감량 계획을 세우는 것은 성공할 수 없으므로 하루에 200kcal 이하로 식사량을 감량하여 장기적으로 체중을 감량하는 계획을 세우는 것이 필요하다. 장에서 포도당의 흡수를 촉진시켜 체지방을 증가시키는 장내 미생물을 가진 경우는 식이섬유소와 유산균을 섭취하여 장내 미생물 균총을 변화시키는 것이 체중을 감량하는 방법이다. 그러므로 먼저 개인의 유전적 소양이나 장내 미생물 환경을 파악하여 이에 적합한 맞춤형 식사 관리를 하는 것이 중요하다.

4. 유전자 변이와 체중감량

인간에게는 약 3만 개의 유전자(Gene)가 있으며, 한 유전자에는 평균 10K(일만 개)의 염기(Base)로 구성되고, DNA는 전체적으로 약 30억 개의 염기(A, G, C, T의 조합)로 구성되어 있다. 서로 다른 인간의 DNA는 99.97%가 동일하고 약 0.03%, 즉 1천 만개의 염기가 mutation 등으로 서로 다르게 되어있는데, 이 차이가 모든 인간의 다양한 형질(Phenotype)을 결정하게 된다.

염기의 변이(Variant)가 그 인구 사회의 1% 이상에서 일어나는 흔한 변이를 가리켜 단일염기 다형성(Single Nucleotide Polymorphism,

SNP)이라고 한다. 유전자 1개에 있는 10,000개의 염기(Base)마다 약 1/300에 해당하는 평균 300여 개의 SNP가 존재한다. 대부분 유전자의 발현과 관련이 없는 인트론(Intron)에 위치하여 대부분의 SNP는 임상적인 의미보다는 생물학적 다양성에 중요하지만, 이 중 수 개~수십 개의 SNP는 인간의 형질, 특히 건강에 유의한 영향을 미치는 것으로 알려져 있다.

2003년 '인간 게놈 프로젝트(Human Genome Project)'의 완성에 이어 '햅맵 프로젝트(International HapMap Project)'가 2005년 10월 종료됨으로 인간 게놈(Human Genome)에 존재하는 500만 개 이상의 SNP가 인종별(서양인, 동양인과 아프리카 인종)로 밝혀졌다. 미국 국립보건원(NIH) 콜린스 박사는 2008년까지 주요 5개 질환에 대한 유전적 소인을 모두 밝히겠다고 하였고, 현재까지 질병별로 질병과 관련이 있는 많은 유전자들의 SNP가 밝혀지고 있지만, 대부분의 질환이 다유전적 변이 질환(Polygenic Diseases)이어서 발견한 SNP들을 합쳐 질병별로 질병의 발병이나 치료에 영향을 미치는 SNP의 모델을 제작하는 연구는 아직 갈 길이 멀다. 하지만 최근에는 인공지능이 많은 연구에 도입되면서 인공지능을 이용해서 질병별로 발견한 SNP들로부터 개인별로 질병 예방에 적합한 SNP들이 무엇인지를 확인할 수 있는 기반이 마련되었다. 이것이 구체화되면 더 나아가 개인별로 적합한 식사 관리방법을 모색할 수 있는 연구를 통해 개인별 질병 예방이나 진전을 방지할 수 있는 식사 관리방법이 개발될 것으로 예상된다.

체중감량은 단순히 열량 섭취를 줄이고, 운동 처방만으로는 지속적인 관리가 어렵기 때문에 실패하기가 쉽다. 체중감량에 중요한 요인은 개인의 유전적인 특징이나 장내 미생물의 균총 상태를 파악하고 개인에 적합한 체중감량 방법을 선택하는 것이다. 그러므로 체중감량에도 맞춤형 식사 관리방법을 적용하는 것이 필요한데, 현재는 전반적인 유전자의 SNP를 통합해서 관리하는 것은 아직 적용되고 있지 않다. 현재는 비만의 원인별 관여하는 유전자 변이를 조사하여 이것을 체중감량 방법에 적용하는 것을 사용하는 초기 단계이다.

비만의 원인에 따라 유전자 변이를 세 가지로 분류하여 ① 섭취한 탄수화물을 지방으로 전환시켜 체지방을 증가시키는 유전자, ② 식욕을 증가시키는 유전자, ③ 스트레스로 인해 폭식을 증가시키는 유전자로 나눌 수 있다. 이와 관련이 있는 유전자는 많지만, 그중에서 가장 중요한 비만과 밀접한 유전자는 체지방을 증가시키는 유전자인 '알파-케토글루타레이트-의존적 디옥시게나제'로도 알려진 지방 질량 및 비만 관련 단백질(fat mass and obesity-associated protein, FTO) 'rs9939609', 식욕과 관련이 있는 멜라노코르틴-4 수용체(melanocortin-4 receptor, MC4R) 'rs17782313', 스트레스성 폭식과 관련이 있는 뇌유래신경영양인자(brain-derived neurotrophic factor, BDNF) 'rs6265'들이다(그림 9.4).

유전자 이름 다음에 괄호 안에 있는 번호는 SNP의 번호로 이 SNP에서 위험 대립유전자(Allele)를 가진 사람은 비만에 걸릴 가능성이 크다는 것을 의미한다. 그러므로 체지방 감소를 시도하기 전에 먼저 유전자 검사를 실시하여 개인이 체중감량에 어려운 원인을 파악하고 결과에 따라 탄수화물이 체지방으로 전환이 잘 되는 유전자를 가진 사람은 에너지 섭취 감량 시, 특히 탄수화물의 섭취를 낮추는 것이 필요하며, 식욕조절에 문제가 있는 사람은 간식의 종류를 당근이나 오

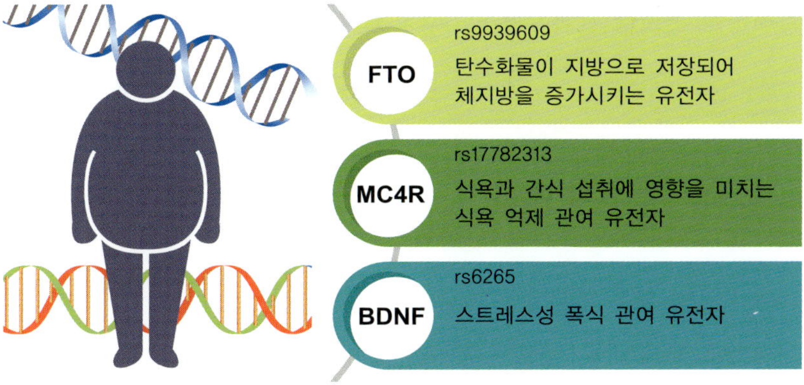

그림 9.4_ 비만과 관련이 있는 유전자와 유전자 변이

이 등 채소로 바꾸고, 개인에 맞는 식욕조절 방법을 간구하는 적이 필요하다.

스트레스로 인한 폭식으로 체중감량이 어려운 경우에는 개인에 맞는 스트레스를 조절하는 방법을 모색하여 스트레스로 인한 폭식을 하지 않도록 도와주는 것이 필요하다. 이러한 유전적 특징은 개인이 식습관을 보면 알 수도 있지만, 대부분은 확실하지 않아서 유전자 검사를 통해 자신의 특성을 인지하고 체중감량 계획을 세워 실천하는 것이 가장 중요하다.

운동은 적어도 1주일에 3번 이상 1시간씩(30분 유산소 운동, 30분 무산소 운동) 실시하면 운동 강도에 따라 차이가 있겠지만, 1시간 중강도 운동에 약 200kcal의 열량을 소모하므로 체중감량에 효과적이다. 하지만 사람에 따라서 운동 강도나 시간에 따라 식욕을 증가시키는 것들도 있어서 운동 강도를 증가시키는 자신에게 적합한 운동을 선택해서 하는 것이 필요하고, 이러한 것들도 향후 유전자와의 관련성이 밝혀지면 유전자 검사를 통해 자신에게 식욕을 증가시키지 않고 억제하는 운동을 선택하여 지속적으로 실행하는 것이 중요하다.

5. 장내 미생물과 비만

우리 몸의 모든 부분에는 미생물이 존재하며, 이들은 숙주인 사람과 공생하는 관계이다. 생체에서 미생물이 가장 많이 존재하는 곳은 대장이고, 대장에는 10~100조 개의 미생물이 존재하며, 이것은 인간 체세포 및 생식세포의 10배에 해당한다. 미생물도 생명체이므로 유전자를 가지고 있고, 미생물들의 유전체를 마이크로바이옴(Microbiome)이라고 하며 이것은 미생물 균총인 마이크로바이오타(Microbiota)와 게놈(Genome)이 합쳐서 만들어진 합성어이다.

사람의 대장에 존재하는 장내 미생물의 수가 많아서 장내 미생물의 유전체는 인간 유전체보다 100~150배 이상 많이 존재한다. 장내 미생물이 건강증진과 질병 치료의 타겟(Target)으로 적용하기 시작하면서 많은 연구를 수행하고 있지만, 장내 미생물의 종류와 수가 너무 많아서 하나씩 연구하는 것은 어려움이 있었다. 2010년 이후에 Next Generation Sequencing(NGS) 기술이 발달하면서 특정 환경 샘플에서 얼마나 다양한 미생물이 존재하는지 분석하는 메타 게놈분석 외에 특정 환경의 미생물 군집에 존재하는 기능 유전자를 분석하는 유전체 기능 분석(Functional Genomics)도 NGS 기법을 통해 수행할 수 있게 되었다.

장내 환경에 존재하는 마이크로바이옴에 대한 연구도 NGS로 진행하면서 장내 미생물은 사람이 소화시키지 못하는 식이섬유소를 먹이로 생존을 유지하는데, 식이섬유소 섭취가 적은 사람은 장에 존재하는 단백질을 섭취하는 박테리아인 프로테오박테이라(Proteobacteria)들의 증식이 증가하는 것으로 나타났다. 이런 박테리아는 장의 점막을 분해하여 장의 점막이 얇아지게 하고, 병원균이 몸의 세포 내로 쉽게 침입할 수 있도록 하여 건강에 유해한 영향을 미친다. 2016년 저널 'Cell'에서는 장내 미생물이 이용하기 쉬운 종류의 식이섬유소를 충분히 섭취하는 것이 유익한 장내 미생물 균총을 증가하게 하여 염증 및 인슐린 저항성을 감소시켜 건강한 삶을 유지할 수 있게 한다는 것이 발표되었다. 또한, 장내 미생물이 비만과 밀접한 관련이 있고, 장내 마이크로바이옴이 바뀌면 균의 종류에 따라 체중감량이나 비만이 나타나는 것을 동물실험을 통해 보여주었다(그림 9.5).

장내 미생물의 종류와 수가 많아서 개별적인 연구를 하는 것이 어려움에 따라 사람의 장내 미생물을 군집으로 나누어 연구하기 시작하였다. 2011년에 독일의 생물 학자 피어 보크(Peer Bork) 등은 인간의 장 유형(Human Enterotype)에 대한 연구결과를 네이처에 발표하였다.

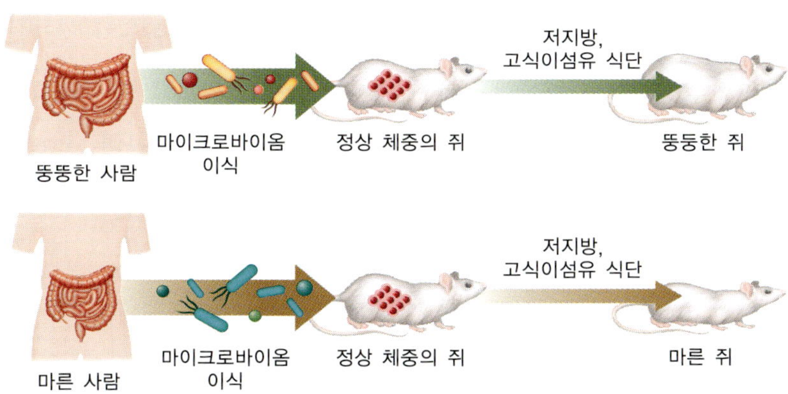

그림 9.5_ 장내 마이크로바이옴의 변화에 따른 체중감량과 비만 유발

이 연구에 따르면 인간의 장유형은 장내 마이크로바이옴 구성에 따라 박테로이스(Bacteroides) 타입, 프리보텔라(Prevotella) 타입, 루미노코크스(Ruminococcus) 타입 등 3가지로 구분된다고 하였다.

사람의 장유형에 따라 미생물의 우세균이 다르므로 유해균을 줄이고 유익균을 증가시키는 방향으로 장내 마이크로바이옴을 조절할 수 있도록 마이크로바이옴의 먹이인 프리바이오틱스(Prebiotics)와 유산균인 프로바이오텍스(Probiotics)를 공급함으로써 장내 마이크로바이옴을 조절하여 건강증진과 질병 치료에 적용하는 연구들이 진행되고 있다. 하지만, 실제로 민족이나 질병에 따라 장유형이 모두 3가지로 나뉘는 것은 아니고, 같은 장유형이라도 구성하는 미생물들에 차이가 있을 수 있다. 또한, 장내 미생물 3가지 타입은 서로 완전히 분리된 형태는 아니고 연속성이 있으며 겹쳐서 존재하는 형태를 나타낸다. 개인이 가지고 있는 장유형은 빠르고 크게 변하지는 않지만, 장기간에 걸쳐 변화될 수는 있다고 하였다. 이러한 장유형은 식습관이나 질병과의 관련성이 매우 높고 다음과 같은 특성을 보여준다.

- 박테로이스(Bacteroides) 타입: 식이섬유를 많이 섭취하지 않고 고지방식을 하는 사람들에게서 주로 나타나는 타입으로 탄수화물 소화효소를 잘 만들 수 있어서 탄수화물을 잘 소화시키며, 비타민 B7(biotin)을 생산하여 피부병이나 우울증을 예방한다.

- 프리보텔라(Prevotella) 타입: 식이섬유를 많이 섭취하고 지방을 적게 먹는 사람들, 즉 채식주의자들에게서 많이 나타나며, 비타민 B1(thiamine)을 생산하여 각기병을 예방하고 뮤신을 생산하여 장

내 점액을 분해한다. 아시아인에서는 식이섬유소보다 오히려 탄수화물이나 설탕 등의 섭취가 많은 고탄수화물 식이를 하는 사람들에서 나타난다. 그러나 최근 연구에서는 이 타입에서 염증 질환의 발생이 높다는 것이 보고되고 있다.

- 루미노코크스(Ruminococcus) 타입: 장에서 포도당 흡수가 잘 이루어져 포도당이 지방으로 전환되어 체지방이 증가하여 비만이 되기 쉬운 타입으로 보고되었지만, 최근에는 대사성 질환의 발생이 감소한다는 보고도 있다.

장내 미생물은 식이 종류, 식이섬유소, 나이, 항생제 복용, 질병 등에 의해서 변화하는데, 식이의 일시적인 변화는 약 10일 정도의 단기간에 장내 미생물의 변화를 나타내지만, 시간이 지나면 다시 본래의 장유형으로 돌아가는 것으로 알려져 있다.

항생제는 종류에 따라 장내 미생물에 미치는 영향이 다르므로 개인의 장유형에 따라 적합한 항생제를 선택하는 것이 필요하며, 장내 마이크로바이옴의 유해균 종류를 소량 증가시킬 수 있다. 항생제는 일반적으로 장내 미생물 균총에서 프로테오박테리아의 비율을 증가시키고 마이크로바이옴의 다양성을 증가시켜 장내 마이크로바이옴의 불균형을 유발시킨다. 그러므로 항생제의 장기간 사용은 장내 마이크로바이옴의 불균형으로 인한 비만이 초래되기 쉽다는 것을 알 수 있다. 식이섬유소를 충분히 섭취하면 장내 마이크로바이옴이 균형을 이루고 단쇄지방산의 생성을 증가시키며, 염증을 감소시켜서 대사성 질환이나 뇌질환(치매, 우울증, 자폐증 등)의 발병이 감소하는데, 이것은 장내 마이크로바이옴-간-뇌 축(gut microbiome-liver-brain axis)을 활성화시키는 것과 관련이 있다. 장내 마이크로바이옴-간-뇌 축은 체내 다양한 질환의 유발과 관련이 있는 것으로 알려져 있다. 그러므로 체중감량을 위해서는 장유형을 박테로이스형이나 루미노코크스형에서 프리보텔라형으로 전환될 수 있도록 노력하는 것이 필요하다. 그렇지만 프리보텔라형은 염증 제거를 잘 수행하지 못하므로 자신의 유전적 소양에 맞게 장내 마이크로바이옴을 변화시키는 것이 필요하다. 최근에는 어떤 식이섬유소의 섭취가 특정 장내 미생물을 성장하거나 억제하는 데 적합한지에 대한 연구가 수행되고 있어서 개인의 유전적 소양과 장유형에 맞는 식이섬유소를 섭취하는 방법이 제공될 것이다. 이러한 맞춤형 식사 관리방법은 모든 항목을 다 변경하지 않고 필요한 것만 변경함으로써 순응도가 높아지므로 비만뿐만 아니라 다양한 대사성 질환의 발병을 억제할 수 있을 것이다. 결론적으로 개인의 장유형을 파악하고 자신에 맞는 식이로 식생활을 변경하여 장내 마이크로바이옴이 균형을 이룰 수 있도록 관리하는 것이 비만을 방지하고 건강한 삶을 영위할 수 있는 방법이다. 또한, 향후 장내 미생물 균총과 특정 질병과의 연관성이 점차 밝혀질 것이고, 이러한 지식의 발전은 장내 미생물 균총과 연관된 질환에 대해 새로운 치료 전략을 제시해 줄 것이다.

6. 현재까지의 식사 관리방법

현재까지는 건강한 삶을 유지하기 위해서는 6대 영양소를 개인의 성별, 나이, 건강상태에 따라 하루에 필요한 만큼 섭취하는 것이 중요하므로 같은 연령대라면 동일한 영양소를 섭취하도록 권장해 왔지만, 모든 사람이 순응하기 어려운 점들이 많이 있었다. 그러나 유전적 소양이나 장내 미생물 균총의 다양성에 따라 특정 영양소의 섭취를 조절하는 것이 필요한 경우가 있는데, 이러한 개인의 특성에 맞게 영양소의 섭취를 조절하는 것이 필요하다는 것이 보고되고 있다.

현재까지 한국영양학회에서는 사람의 성별과 나이에 따라 각각의 영양소 필요 섭취기준(Dietary Reference Intake, DRI)을 정해 발표하고, 이것을 식생활에 손쉽게 활용할 수 있는 방법을 보급하고 있다. 영양소 필요 섭취기준에는 영양소의 필요 섭취량, 권장 섭취량, 충분 섭취량, 상한 섭취량이 있으며, 영양소별로 이 4가지 기준을 모두 가지고 있는 것은 아니다. 평균 섭취량은 모집단의 영양소 필요량의 50%를 충족되는 양이므로 일반적으로 식사 계획을 정할 때는 사용되지 않고, 모집단의 영양소 필요량의 97.5%를 만족시키는 권장 섭취량을 이용한다. 단, 열량은 과다 섭취로 인한 비만이 문제가 되고 있어서 권장 섭취량보다는 평균 필요 추정량을 사용하도록 권장하고 있다. 그러므로 식사 계획할 때는 영양소별로 권장섭취량을 충족시키면서 상한 섭취량은 넘지 않도록 조절하는 것이 좋다.

현재까지 식사 관리에서 주로 권장하는 것은 다음과 같다. 첫째, 하루 섭취하는 총열량의 20~25%로 지방섭취를 제한하고, 총 지방섭취의 1/3보다 적게 포화지방산을 많이 함유하는 동물성 지방을 섭취를 줄인다. 또한, 동물성 지방에 함유된 콜레스테롤의 섭취량을 300mg/day 이하로 섭취한다. 이것은 하루에 동물성 지방이 많이 함유된 기름기 많은 등심, 삼겹살 등의 섭취는 줄이고, 고기를 요리할 때 기름기가 적은 안심, 홍두깨살 등을 사용하며, 눈에 보이는 기름은 제거하고 살코기 위주로 조리한다.

둘째는 설탕, 소금을 적절하게 섭취한다. 우리나라에서는 실제로 지방의 섭취보다는 소금의 섭취가 매우 높은 것이 문제이다. 우리나라 사람들의 하루에 섭취하는 소금양이 개인에 따라 차이는 있지만 15~30g으로 1~2숟가락 정도의 양을 섭취한다. 이것은 소금의 충분 섭취량이 5~7g보다 매우 높은 값이다. 이렇게 우리나라의 소금 섭취량이 많은 것은 저장 기술로 소금을 사용하면서 김치, 젓갈류, 장류 등을 섭취하였기 때문이다. 이러한 식품의 전통식품으로 건강에 유익한 점도 많지만, 소금 섭취를 증가시킨다는 단점도 있다. 최근에는 설탕 섭취도 급증하고 있어서 정부에서는 저염 저당 조리법을 사용하는 캠페인을 시행하고 있다. 설탕은 그 자체로 섭취하지 않아서 자신이 얼마나 설탕을 섭취하는지 모르는 경우가 많다. 따라서 설탕이 많이 함유된 과자, 사탕, 초콜릿, 아이스크림, 케이크, 음료수 등의 섭취를 제한하는 것이 바람직하다. 최근에 이러한 식품을 후식으로 섭취하는 경우가 많은데, 설탕이 많이 함유된 식품은 인슐린 분비를 자극하여 섭취한 식품을 지방으로 저장하게 하는 경향이 있으므로 특히 주의해야 한다.

셋째는 과일과 채소를 충분히 섭취한다. 여기서 주의할 점은 과일은 한 번에 많이 섭취하는 것은 좋지 않다는 것이다. 과일에도 당이 많이 함유되어 있으므로 한 번에 많이 섭취하면 열량도 높고, 인슐린 분비도 증가시켜 체지방의 축적을 증가시킬 수 있다. 그러므로 한 번에 중간 크기 사과 1개, 귤 1~2개, 배 1/2개, 바나나 1개씩 하루에 3번 정도 섭취하는 것이 좋다. 반면에 채소는 당 함유량도 적고 열량도 낮아서 한 번에 많이 섭취해도 문제가 없으며 다이어트를 할 때 배고픔을 해소시켜주는 아주 좋은 식품이므로 원하는 만큼 섭취해도 된다. 채소와 과일에는 식이성 섬유질이 많이 함유되어 있어서 배변 활동을 촉진시키고, 혈청 콜레스테롤 농도를 낮추는 데 도움을 준다.

넷째는 알코올음료를 적절하게 마신다. 술을 적당히 마시는 것은 장수에도 도움이 된다고 하지만 과음은 건강을 해친다. 하루에 맥주 500mL, 와인 200mL, 증류주 75mL 이상을 마시지 않는 것이 좋으므로 식사할 때 반주로 술 1잔 마시는 것은 건강에 해롭지 않다. 그러나 문제는 일단 술을 마시기 시작하면서 절제하지 못해 많이 마시게 되는 것이다. 따라서 술을 마실 때 절제하는 습관을 가지는 것이 필요하다.

다섯째는 암을 유발시킬 우려가 있으므로 훈제 식품, 소금으로 가공된 식품, 질산염으로 가공된 식품의 섭취를 신중하게 한다. 질산염은 고기를 가공할 때 사용하지만, 고기에 분홍빛을 띠게 하고 세균번식을 억제시키는 역할을 해서 육가공제품을 제조할 때 많이 사용하므로 육가공제품의 섭취를 제한하는 것이 좋다. 또한, 고기를 구울 때 탄 부위에는 암 발생을 유발하는 성분이 있으므로 탄 부위를 제거하고 섭취하는 것이 바람직하다.

이러한 일반적인 식사 관리방법은 그대로 따라 해도 이로 인해 나타나는 건강에 미치는 효과가 눈에 띄게 크지 않아서 대부분의 사람들은 실천을 시작해도 작심삼일이 되는 경우가 많다. 그러므로 개인의 유전적 소양이나 장내 미생물에 특성에 따라 개인에게 적합한 식사 관리방법을 선택하는 것이 효과적인 생활습관 관리를 할 수 있는 방법이다.

7. 미래의 맞춤형 식사 관리방법

미래의 생활습관 및 식사 관리는 모든 사람에게 일률적으로 적용하는 생활습관이나 식사 관리방법이 아니라 개인의 유전적 소양과 장내 마이크로바이옴의 특성에 따라 맞춤형 적용할 수 있는 방법이 개발될 것이다. 현재는 다유전적 변이 질환(Polygenetic Disease)에 대한 중요한 유전자의 변이(SNP)를 탐색하는 연구를 수행하고 있다. 또한, 인종별로 질환별 중요 유전적 변이를 확정하고, 이 유전적 변이와 식생활이나 음주, 흡연, 운동, 기호식품, 약물 대사와의 관련성을 찾는 연구를 진행하고 있다.

이러한 연구결과들을 통합하여 개인에 취약한 질환을 찾고 이것을 예방할 수 있는 맞춤형 생활습관 관리를 수행할 수 있는 기반을 마련하고 있다. 또한, 질병에 걸리면 개인의 유전적 소양에 따라 가장 적합한 약물을 찾아 효과적이면서 부작용이 적은 약물치료를 할 수 있는 기초를 확립하고 있다. 궁극적으로 유전자 치료 방법을 통해 질병의 유전적 요인을 없애는 연구도 하고 있지만, 이것은 암 발생과 같은 부작용이 나타날 수 있고, 치료에 윤리적인 문제들이 복합적으로 관여하므로 아직은 다유전적 변이 질병에 적용할 수 있기까지 많은 노력이 필요하다고 볼 수 있다.

개인의 다양한 유전자 변이에 맞게 식사 관리를 하기 위해서는 영양 유전체학의 한 분야로 식품과 식품의 성분이 유전자 발현에 미치는 영향을 연구하는 뉴트리게노믹스(Nutrigenomics) 연구가 필요하며 이 연구가 많이 진행되고 있다. 뉴트리게노믹스는 유전체와 다른 식이 생체 활성 물질 간의 분자 수준의 상호작용을 확인하고 이해하는 데 초점을 맞춘 연구로 유전적 변이가 유전자 발현 또는 SNP를 영양소의 흡수, 대사, 제거 또는 생물학적 효과와 연관시킴으로써 개인의 유전자형에 따라 관련하여 영양소 이용을 최적화하는 합리적 수단을 개발하는 것이다. 궁극적으로 뉴트리게노믹스가 맞춤식 식이 요법을 가능하게 할 것이라는 희망이 있지만, 그것은 아직 초기 단계에 있는 과학이며 향후 공중 보건에 많은 기여를 할 것이다. 그러나 중요한 점은 이 연구결과를 통합하여 개인에게 적용할 수 있도록 하는 것이다. 이 과정은 매우 복잡해서 인공지능을 이용하여 분류하고 구분하여 개인의 유전적 소양에 따라 질병을 예방할 수 있는 식사 관리방법을 적용할 수 있는 모델을 탐색하는 것이 필요하다. 이것에 대한 연구는 아직 초기 단계이므로 현실적으로 실현하기까지는 많은 시간이 필요하다.

유전적 소양에 따른 질병의 예방과 치료와 함께 개인의 특성에 영향을 미치는 것은 장내 마이크로바이옴이고, 식이 섭취에 따른 위산 분비, 담즙산 분비, 이외의 소화액 분비 등의 차이가 장내 마이크로바이옴에 영향을 미치는 것도 있지만, 개인의 유전적 소양도 위산, 담즙산 등의 분비와 밀접한 관련이 있으므로 식이 섭취 형태와 함께 유전적 특성이 개인마다 특정한 장유형을 형성하도록 하는 것으로 사료된다. 따라서 개인별 유전적 소양과 함께 장내 마이크로바이옴에 대한 연구를 통합하여 개인에 민감한 질병을 예측하고 이 질병이 유발하지 않도록 개인에 맞는 맞춤형 식사 관리를 하는 것이 필요하다.

이러한 연구가 부분적으로 이루어지고 있으며, 특히 유전적인 특징은 인종별로 차이가 있으므로 인종별 연구가 필요하다. 유전적 특징과 질병과의 관계를 통합하고, 장내 미생물과 통합하는 과정은 많은 노력과 시간이 필요하지만, 이러한 연구가 완성되더라도 많은 연구결과를 어떻게 통합할 것인지에 대해서도 문제가 남는다. 이 연구결과는 빅데이터이기 때문에 사람들이 단순한 통계처리로 결과를 통합할 수 없다. 따라서 머신러닝을 포함한 인공지능을 이용하여 데이터를 분류하고 구분하여 통합 및 예측하는 것이 중요하다.

질병별로 유전적 소양과 장유형에 대한 통합이 이루어지면, 이 결과에 대해 가장 적합한 식사 관리방법을 선택하여 모든 사람들에게 똑같은 식사 관리나 운동 관리방법을 적용하는 것이 아니라 개인의 특성에 맞게 식생활 항목 중 변경할 때, 질병 예방이나 질병 치료에 가장 효과적인 2~3가지를 제시하여 식사 관리를 조절하도록 권장하는 것이다. 그러나 아직은 데이터가 다 확인되지 않았고 정립되지도 않아서 통합적은 아니지만, 개인에게 가장 문제가 될 수 있는 질병을 선택하여 자신의 특성에 따라 그 질병을 예방할 수 있는 식사 방법을 선택하여 조절하도록 권장하는 것이 필요하다.

미래의 음주, 흡연, 운동, 수면 형태 등의 생활습관이나 식사 관리방법은 모든 사람들에게 일률적으로 적용하는 방법이 아니라 개인의 유전적 특성이나 장내 마이크로바이옴의 장유형에 맞게 민감한 질병을 특정하고 그 질병을 예방할 수 있는 식사 관리방법을 선택하여 적용하게 될 것이다. 이러한 과정에는 많은 데이터가 관여한다. 인공지능을 이용하여 개인별로 적합한 생활습관과 식생활을 관리하고, 장내 마이크로바이옴은 식사 관리에 따라 차이가 있으므로 1년에 한 번씩 측정하여 식사 관리의 방향을 결정할 수 있도록 하는 것이 중요하다.

일반적으로 모든 사람에게 적용할 수 있는 건강증진과 질병 예방을 위한 방법은 다음과 같다.

1. 식물성 단백질, 순 살코기, 밭곡식류, 식물성 기름, 과일, 녹황색 채소와 같은 식품으로 건강하고 다양한 식사를 한다.
2. 일주일에 200kcal 정도를 소모하는 운동을 한다.
3. 식사는 규칙적으로 즐겁게 한다.
4. 각종 암을 유발시키는 담배를 피우지 않는다.
5. 알코올의 섭취를 줄인다.
6. 스트레스를 줄이거나 그것에 올바르게 대처한다.
7. 위생적인 식생활을 한다.

활동 1

|1| 정밀 영양의 중요성은 무엇인가?

|2| 현재와 미래의 건강관리 방법의 차이점은 무엇인가?

|3| 정밀영양은 우리 식생활에 어떻게 접목할 수 있는가?

9장 참고문헌

- Abrahams E, Ginsburg GS, Silver M. The Personalized Medicine Coalition: goals and strategies. Am J Pharmacogenomics. 2005;5(6):345-55.
- Ge D, Fellay J, Thompson AJ, Simon JS, Shianna KV, Urban TJ, et al. Genetic variation in IL28B predicts hepatitis C treatment-induced viral clearance. Nature. 2009 Sep 17;461(7262):399-401.
- Ordovas JM. Genetic interactions with diet influence the risk of cardiovascular disease. The American journal of clinical nutrition. 2006 Feb;83(2):443S-6S.
- 장내미생물무리의 조성과 대사가 건강과 질병에 미치는 영향, 김정목, Korean J Gastroenterol Vol. 62 No. 4, 191-205, 2013.
- Ley RE, Peterson DA, Gordon JI. Ecological and evolutionary forces shaping microbial diversity in the human intestine. Cell 2006;124:837-48.
- Goto Y, Kiyono H. Epithelial barrier: an interface for the cross-communication between gut flora and immune system. Immunol Rev 2012;245:147-63.
- Z. David, K. Tal, Z. Niv, I. David, R. Daphna, W. Adina, B.-Y. Orly, L. Dar, A.-S. Tali, L.-P. Maya, S. Jotham, A. M. Jemal, M. Elad, M. Gal Malka, K. Noa, R. Michal, Z.-S. Gili, D. Lenka, P.-F. Meirav, B. Rony, H. Zamir, E. Eran, and S. Eran, "Personalized Nutrition by Prediction of Glycemic Response," Cell, Vol.163, No.5, pp.1079-1094, 2015.
- Wu X, Tatsuya U, Kang S, Park S. A Korean-style balanced diet has an association with Ruminococcaceae enterotype and reduction of metabolic syndrome incidence in Korean adults. Nutrients 13(2): 495, 2021.

■ Wu X, Park S. An Inverse Relation between Hyperglycemia and Skeletal Muscle Mass Predicted by Using a Machine Learning Approach in Middle-Aged and Older Adults in Large Cohorts. Journal of Clinical Medicine 10(10): 2133, 2021.

10장

AI로 접근하는 안전

1. AI와 안전의 관계

3차 산업혁명의 시대에서 벗어나 4차 산업혁명의 시대라는 말이 돌기 시작하였다. 2016년 스위스의 다보스에서 열린 '세계경제포럼'에서 '4차 산업혁명'을 언급함으로써 전 세계가 주목하게 된 것이다.

표 10.1_ 4차 산업혁명의 주요 기술

기술	내용
IoT (Internet of Things)	■ 사물인터넷이라고도 하며, 사물에 센서가 부착되어 실시간으로 데이터를 인터넷 등으로 주고받는 기술이나 환경이다. ■ IoT가 도입된 기기는 사람의 개입 없이 상호 간 정보를 직접 주고받으면서 필요에 따라 정보를 해석하고 스스로 작동하는 자동화된 형태이다.
CPS (Cyber-Physical System)	■ 로봇, 의료기기 등 물리적인 실제의 시스템과 사이버 공간의 소프트웨어 및 주변 환경을 실시간으로 통합하는 시스템이다. ■ 기존 임베디드 시스템의 미래지향적이고 발전적인 형태로서 제조시스템, 관리시스템, 운송시스템 등의 복잡한 인프라 등에 널리 적용할 수 있다.
빅데이터	■ 디지털 환경에서 생성되는 다양한 형태의 데이터를 의미하며 그 규모가 방대하고 생성 주기도 짧은 대규모의 데이터를 의미한다. ■ 증가한 데이터의 양을 바탕으로 사람들의 행동 패턴 등을 분석 및 예측할 수 있고, 이를 산업 현장에 활용할 경우 시스템의 최적화 및 효율화 등이 가능하다.
인공지능	■ 컴퓨터가 사고, 학습, 자기계발 등 인간 특유의 지능적인 행동을 모방할 수 있도록 하는 컴퓨터공학 및 정보기술의 한 분야이다. ■ 단독적으로 활용되는 것 외에도 다양한 분야와 연결하여 인간이 할 수 있는 업무를 대체하고, 그보다 더 높은 효율성을 가져올 것으로 기대할 수 있다.

WEF(세계 경제 포럼)는 “4차 산업혁명의 특징은 물리계, 디지털계, 바이오계 기술의 융합(Cyber-Physical Systems)”이라고 정의하였다. 3차 산업혁명은 전자장치(컴퓨터 등)에 의한 정보처리 능력을 기반으로 한 혁명이었다면, 이제 4차 산업혁명은 인공지능에 의해 인간과 사물이 상호작용하여 융합하는 것을 기반으로 하는 혁명이다. 즉, 사람이 인지하지 못한 분야에서 정보를 수집하여 사람이 사용할 수 있도록 정보처리를 함과 동시에 그 정보를 사람과 상호작용할 수 있게 하는 것이다.

4차 산업의 주된 기술에는 IoT/ICT 기술, 사이버 물리 기술, AI 기술, 빅데이터 기술 등이 있으며 이미 이 기술들은 우리 생활에서 여러 방면으로 쓰이고 있다. 이 기술들을 융합하고 또 다른 기술로 개발하는 것이 지금 우리의 과제이다.

4차 산업 주요 기술을 융합한 융합기술 중 하나인 ICT 기술은 Information and Communication Technology의 약자로 정보통신기술을 의미한다. ICT 기술은 정보의 수집, 생산, 가공, 보존, 전달 등의 모든 방법을 의미하며, 스마트 공장, 인공지능, VR/AR 등 여러 분야에서 응용되고 있다.

1-1 사물인터넷의 특징

사물인터넷을 구성하는 기술적 구성요소에 대해 알아보자. 한국인터넷진흥원에서 2012년 9월에 발간한 ‘사물인터넷의 시장정책과 동향분석’에 따르면 센싱, 유무선 통신 및 네트워크 인프라, 서비스 인터페이스, 보안 이렇게 네 가지로 분류하고 있다.

첫 번째, '센싱'은 필요한 사물이나 장소에 전자태그를 부착하여 주변 상황 정보를 획득하고 실시간으로 정보를 전달하는 핵심 기술이다. 전통적 정보 요소인 온도, 습도, 열, 가스, 초음파 센서 등에서부터 원격 감지, 전자파 흡수율, 레이더, 위치, 모션, 영상 센서 등 주위 환경과 사물의 변화를 감지하고 정보를 얻는 물리적 센서를 포함한다. 이러한 물리적 센서는 표준화된 인터페이스와 정보처리능력을 내장한 스마트 센서로 발전 중이며, 기존의 독립적이고 개별적인 센서보다 한 차원 높은 다중 센서 기술을 사용하기 때문에 더 지능적이고 고차원적인 정보 추출이 가능해지고 있다.

두 번째, '유무선 통신 및 네트워크 인프라'이다. 이는 사물이 인터넷에 연결되도록 지원하는 기술로 사물에 IP를 부여하거나 무선통신 모듈을 탑재하는 방식을 말한다. 현재 일반적으로 이용하고 있는 다양한 네트워크 기술들을 포괄하며, 유선통신, 이동통신, 무선 랜, 무선 팬으로 구분할 수 있다.

세 번째, '서비스 인터페이스'는 사물인터넷을 구성하는 요소들을 서비스 및 애플리케이션과 연동하는 역할을 수행한다. 각종 서비스 분야 및 형태에 맞게 정보를 가공 및 처리하거나 각종 기술을 융합하는 기술로 빅데이터 기술, 시맨틱 기술, 보안 및 인증, 미들웨어, 웹서비스 등 다양한 기술이 활용된다.

마지막은 '보안'이다. 사물인터넷의 보안 기술은 유무선 네트워크, 첨단기기 및 센서, 사물-사람-장소에 관한 대량의 데이터 등 사물인터넷 구성요소에 대한 해킹 및 정보 유출을 방지하기 위한 기술이다.

1-2 4차 산업과 소방

우리나라는 2016년 5월 제5차 '규제개혁 장관회의'에서 '드론 산업 활성화를 위한 규제혁신 방안'을 발표하였다. 드론 운영에 관한 법과 제도, 활성화 방안, 드론 R&D 등 다양한 혁신 목표가 쏟아졌다. 이 방안을 토대로 항공법 시행규칙을 개정하였고, 지난해 7월부터 본격적으로 시행되었다. 네거티브 규제[1]를 도입하고 드론의 중량 제한을 완화하는 것이 개정안의 주요 내용이었다. 네거티브 규제의 도입으로 드론 사용은 모든 산업 분야에서 활용할 수 있게 되었다. 단, 국민안전 및 안보를 저해하는 경우는 제외하였다. 이를 바탕으로 기존에는 항공촬영, 관측 등의 분야에만 한정되었던 드론의 사용범위가 사실상 전 분야로 확대되었다.

소방시설(용품) 분야에서도 다양한 개발할 수 있도록 해주는 한편, 소방의 기능만 하는 단일품이라고 단정 짓는 것이 아니라 4차 산업혁명 시대에 발맞추어 다양한 제품들과 융합할 수 있도록 네거티브 규제를 도입해야 할 것이다. 네거티브 규제 도입의 필요성을 나타내는 예로 불꽃감지기와 IP카메라가 융합된 제품과 일산화탄소 가스와 화재 시 연기를 감지하는 기능이 융합된 제품이 있다. 화재감지기능과 IP카메라 기능(화재감시 및 보안)을 접목시킨 제품의 개발이 진행되고 있다. 또한, 네스트 랩스(Nest Labs)의 주력상품인 일산화탄소 및 화재 연기감지기이다. 일산화탄소 및 화재를 감지하였을 때 자체경보

1 법률이나 정책으로 금지된 것이 아니면 모두 허용하는 규제, 즉 '이것만 안 되고 나머지는 다 된다.'라는 방식의 규제이다.

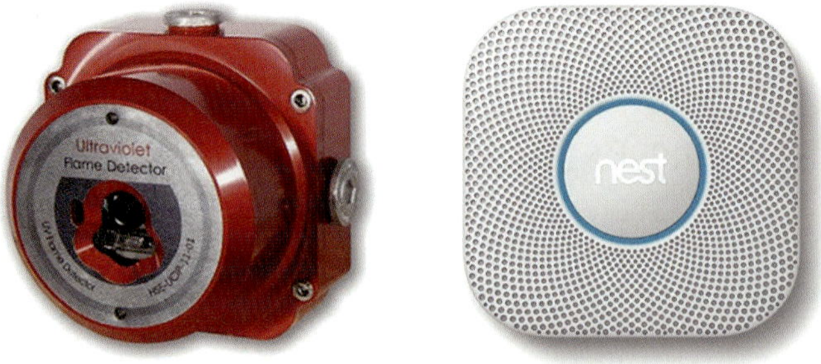

그림 10.1_ 화재 안전을 위한 4차 산업 개발 현황

평소에는 CCTV의 기능을 수행하다가 화재 시에는 센서로 자외선 파장을 감지하는 'CCTV+UV Flame Detector'(왼쪽), 가정에서 발생하는 연기화 일산화탄소를 감지하여 경보를 울리는 'Nest Protect'(오른쪽)

자료: ㈜인텍, Google Nest Lebs

는 물론 와이파이로 연결되어 현재 상황을 스마트폰으로도 알려준다.

2. AI를 활용한 안전대책

2-1 소방성능 확보를 위한 소방시스템 제어적용 개념

① 방화 셔터를 활용한 지하층 배기

지하주차장의 규모가 대형화됨에 따라 채광 목적의 탑 라이트 설치가 증가하고 있는데, 이는 배기의 부수적 목적까지 수행하고 있다. 이러한 탑 라이트는 지하 전 층을 관통하는 일부 공간에 상부 유리 등의 재질로 마감되는 천창을 통해 우수, 이물질 등의 유입을 차단하며, 측면에 설치된 그릴로 배기가 이루어지는 구조이다. 탑 라이트는 지하층의 배기를 위한 AD보다 더 넓은 공간인 경우가 많아 화재 시 많은 연기를 배출할 수 있는 용도로 사용할 수 있다. 하지만 이 공간은 화

그림 10.2_ 아파트의 탑 라이트

재 시 층간 방화구획이 필요하여 화재감지기를 통해 방화 셔터로 화재 층이 폐쇄되는 제어회로가 구성된다. 따라서 기존 제어로는 화재 시 연기배출의 용도로 사용할 수는 없다. 단, 지하 화재 층의 방화 셔터를 개방하고 그 이외 층의 방화 셔터를 폐쇄하는 제어 절차를 반대로 수행한다면, 방화구획도 확보하고 연기배출 기능도 가능한 방식이 될 수 있다.

② 연결 송수배관 송수구 지정표시등

건물의 대형화와 초고층화로 배관계통수의 증가가 발생하며, 관리주체의 다원화로 배관 분리가 이루어지고 있어서 해당 송수구의 수도 병행되어 증가하는 추세이다. 스프링클러 설비의 경우 소화수 공급의 신뢰성을 위해 밸브 2차 측에 연결하여 해당 배관과 송수구가 1:1 접속되는 방식도 많이 요구되고 있다. 이러한 추세로 송수구 설치장소에 수많은 수의 송수구가 일렬로 설치되는 상황이 발생하며, 화재진압 시 소방대원이 소화수 공급을 위해 펌프 기동스위치를 송수구 부근에 설치하고는 있으나 해당 송수구를 인식하는 것은 안내표지에 의존하고 있다. 안내표지는 시간 경과에 따라 유지관리가 필요하고 관리자가 아닌 소방대원의 빠른 인지에도 어려움이 존재한다. 따라서 연결송수구를 바로 인지할 수 있는 지정표시등을 사용함으로써 휴먼에러 방지와 유지관리의 편의성을 확보할 수 있다.

③ 소화 펌프 자동기동

수계 소화설비의 펌프는 기동용 압력 챔버 또는 전자식 압력스위치에 의해 자동으로 기동되며, 기동을 위한 압력 세팅이 필요한 구조이다. 기동장치의 고장 또는 펌프 세팅 이상 등으로 펌프가 자동 기동되지 않으면, 감시 제어반에서 수동기동이 가능하도록 펌프 MCC 제어반까지 릴레이 제어선이 연결되어 있다. 이러한 방식은 방재센터에서 수신기를 통해 펌프 기동 확인 신호가 없어 펌프가 기동되지 않았다는 것을 인지한 관계인의 조작이 필요한 구조이다.

또한, 펌프가 설치된 현장의 MCC 제어반에서 수동으로 설정되어 있다면, 감시 제어반에서의 수동기동이나 기동용 장치에 의한 자동기동이 이루어질 수 없는 구조이다. 소화설비는 소방대 출동 전 초기화재를 위한 설비로 화재감지 후 5분 이내의 대응이 무엇보다 중요한 설비이나 펌프 자동기동 실패를 인지한 후, 방재실이나 현장 MCC 패널의 수동기동을 직접 조작해야 하는 시간 지연이 발생한다. 이러한 문제를 개선하기 위해 수신기에 입력되는 여러 센싱 정보인 화재감지, 배관 내 압력감소, 펌프기동 확인 등을 종합하여 펌프를 자동 기동할 수 있는 제어가 가능하다. 또한, 평상시 시공업체의 잘못된 압력 세팅을 체크하고, MCC 패널의 잘못된 설정 상태도 수신기에서 경보할 수 있는 제어도 가능하다.

④ 주방용 자동소화기와 연동

주방용 자동소화장치의 설치기준은 소방관련법에 따라 규정되지만, 실제적 운영은 통신설비로 관리실 홈넷 서버에 의해 이루어지는 구조이다. 현재는 관리실 서버와 수신 기간의 상호연동이 되어 있지 않다. 소방에서의 화재감지는 별도의 정온식 감지기로 감지되어 지구경종과 비상방송으로 경보를 발령한다. 그리고 자동소화장치는 온도 센서를 통해 감지하여 월패드에서 경보하고 관리실 서버에 화재 신호를 전송한다. 이러한 방식은 설비의 중복 설치보다는 화재위험도가 큰 주방장치에서 설치된 이중센서를 활용하지 못하는 것이 더 문제가 되고, 주방장치의 특성상 온도변화가 심하기 때문에 1차 온도 센서 작동을 통해 월패드의 화재경보가 수시로 발령되는 문제도 가지고 있다. 이를 개선하여 수신기와 연동으로 화재 신호를 이중으로 체크하고, 보다 정확한 정보로 정보전달 명료도가 높은 월패드에서의 화재경보가 가능하다. 또한, 주방화재가 아닌 일반 거실 화재에서도 화재 발생 세대의 가스 밸브 차단이 가능하여 2차 피해를 막을 수 있는 제어방법이다.

2-2 화재분석을 위한 화재: 연기 제어 소프트웨어 활용 개념

① 전실제연설비

특별피난계단의 계단실 및 부속실 제연설비는 거실 화재 시 연기의 유입으로 인해 피난 경로의 가장 중요한 공간인 피난계단의 오염을 방지하기 위한 소방활동설비이다. 전실의 출입문 폐쇄 시 차압에 의해 누설 틈새를 통한 연기의 유입을 막고 피난에 따른 출입문 개방 시 방연풍속에 의해 연기유입을 차단한다.

현재 고층건물의 전실제연설비는 압력 센서에 의한 송풍기의 인버터제어로 성능을 향상시키는 방법이 적용되고 있지만, 이는 기본 절차에 의한 제어로서 화재 상황이 시나리오대로 전개되지 않는 상황이 발생하면, 이에 대해 적절히 대응할 수 없을 수도 있다. 이를 개선하여 화재정보, 출입구 개폐정보, 댐퍼정보, 압력정보 등을 종합 분석하여 1차적으로 송풍기 운전단계에 따른 인버터제어를 수행하고, 이에 대한 대응이 원활하지 않을 경우 2차적으로 제연 필요 중요도에 따른 제연구역 등급별 댐퍼 운전제어가 더 실질적인 계단실 방연을 할 수 있다. 여러 시뮬레이션의 검증을 통해 연기의 유동 특성을 반영한 제연구역 등급선정이 우선 되어야 하고, 화재경보와의 상관성 검토가 이루어져야 하는 등 관련 이론과 검증이 필요한 것으로 소방분야의 기술발전 속도에 맞추어 단계적 해결이 가능하다고 판단된다.

② 거실제연설비

전실제연과 비교하여 거실제연은 여러 가지 복합적 문제를 내포하고 있다. 우선 공조와 겸용 시 제어권이 소방분야에 없는 관계로 실질적 제어가 어렵고 공조와 거실제연의 성능 요구 조건이 상이하여 이의 조정 자체가 힘들다. 공조는 작은 요구 풍량과 냉난방 효율을 고려한 일정 비율의 리턴 공기량을 필요로 하는 반면, 거실제연은 큰 풍량에 의한 급배기 분리가 필요한 시스템이다. 시스템적 성능 차이를 극복하기 위해 설계단계에서 제연방식 및 급배기 풍량 등을 검토하여 송풍기, 덕트, 디퓨저 사용의 겸용 또는 별도 여부를 기계 분야와 소방분야의 공정간 검토 협의로 해결하고 있으며 성능구현 검증은 각자 TAB에 의한 조정 작업으로 이루어지고 있다.

거실제연의 자동제어는 설계단계의 기본값에 의해 제어 설정되고 각 분야 TAB 단계에서의 조정정보를 바탕으로 제어값을 변경할 수 있는 프로그램을 통해 화재 시 제연모드와 평상시의 공조모드의 두 가지로 제어설정이 세팅되어 운영된다. 각 센싱 정보에 의해 제연설비 초기 기동 실패나 성능미달 정보에 의해 안전상 문제없는 부분적인 공조설비 이용으로 급배기 할 수 있는 이중화도 가능하다.

③ 화재정보 센싱에 의한 정확한 정보전달

정밀센싱 기술과 IoT에 의한 여러 종류의 활용 가능한 센싱 정보를 분석하여 다양한 경로에서의 정확한 화재경보 전달이 가능하고 화재 성상 및 발전 양상에 따라 적극적인 피난 안내가 가능한 자동제어가 이루어질 수 있다. 감지기 동작과 감지기 작동경로, 헤드 등의 소화설비 작동, CCTV 정보분석을 통해 화재 경로의 추정이 가능하고 각종 인체감지 센서와 출입문 개폐 정보에 따라 피난 활동 분석이 가능하다. 이를 토대로 화재정보와 피난 정보를 정확하고 세밀하게 전달할 수 있고 피난설비의 조정도 가능하다.

화재 상황에 따라 피난보다는 현재 위치에서 대기할 수도 있고, 화재 진행 상황에 따라 실시간 대처요령이 달라질 수 있기 때문에 이런 정확한 정보는 무엇보다 중요하다. 또한, 정보통신기술의 발달로 유무선으로 접속된 각종 단말에 여러 형태의 안내 콘텐츠를 송출할 수 있는 자동제어도 가능하다.

2-3 국외 소방체계 및 자동제어 연구개발 동향

선진국에서의 자동제어 현황은 자동제어를 위한 관련 기술의 기술 표준과 제도적 유연성을 가지고 제어 소프트웨어의 개발을 위한 연구단계이다. 미국의 경우 국가와 민간기업들도 활발히 연구하고 있으며, 특히 NIST의 주관으로 'Cyber-Physical System' 등 신기술 기반의 스마트 화재진압을 위한 연구보고서를 발표하였다. NFPA의 'Smart Fire Fighting Project'를 통해 2012년부터 기술개발에 착수하였으며, 'Smart Fire Fighting Project'를 추진하였고, 재난 및 안전 장비에 새로운 센서 및 컴퓨팅 기술을 융합하여 센서를 통한 데이터 수집, 수집된 데이터의 분석 및 가공을 통한 정보획득에 필요한 요소 기술들을 개발하여 소방대원에게 가장 적합한 스마트 안전 소방 및 화재 방재 기술을 개발하였다.

그림 10.3_ 스마트 화재감지 및 경보기 '룸카니'
자료: Lumkani

유럽은 EU 산하의 프로젝트 그룹을 통해 기술개발 중이며 지속적으로 혁신제품을 출시하고 있다. 또한, 소방대원의 안전을 위한 개인방호 시스템개발을 목표로 하여 'Smart@fire' 프로젝트를 2012년부터 시작하여 소방안전 기술을 개발하고 있다. 소방안전 기업들도 지속적인 혁신제품을 출시한 바 있다. 화재현장의 환경정보 및 소방대원의 생체 기능 측정을 위한 센서 기술, 화재현장의 정확한 상황인지를 위한 데이터 전송 및 현장 가시화 기술을 개발하였다.

남아프리카공화국의 케이프타운에 있는 룸카니(Lumkani)라는 기업은 아프리카 판자촌의 대형 화재 확산 예방을 위한 스마트 화재감지 및 경보기 '룸카니'를 출시하였으며, 화재감지 후 20초 이내에 반경 60m 내에 있는 다른 감지기에 무선신호를 전송하여 이웃집에도 화재경보를 울리도록 하는 기능이 포함되었다.

3. AI와 안전에 대한 개발사례

3-1 IoT 스마트 센서

전자부품연구원(KETI)은 스마트 센서의 정의를 '센서의 단순 기능 이외에도 논리제어기능, 통신기능, 판단기능을 추가로 갖춘 센서'라고 하였고, 한국전자통신연구원(ETRI)은 '센싱 기능에 데이터 처리, 의사 결정, 통신기능 등이 결합되어 자동보정, 상황판단, 네트워킹 등이 가능한 차세대 센서'라고 정의하였다. 가트너(Gartner)는 '센싱 소자, 아날로그 인터페이스 회로, 아날로그 디지털 변환기(ADC) 및 버스 인

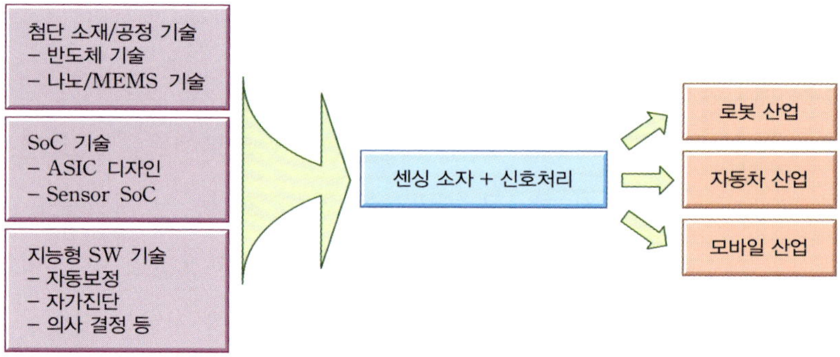

그림 10.4_ 스마트 센서의 구조 및 활용

터페이스를 단일 하우징에 조합한 것'이 스마트 센서라고 정의하였다.

스마트 센서는 기존의 센서가 발전된 물리·화학적 정보를 감지하는 일반 센서 기술에 나노기술 또는 MEMS(Micro Electro Mechanical Systems) 기술을 접목하여 데이터 처리, 자동보정, 자가진단, 의사결정, 통신 등의 신호처리 기능을 내장하고 있다. 스마트폰을 포함한 스마트 기기의 급속한 확산과 사물인터넷의 부각으로 IoT와 스마트 기기와의 연동을 통해 주변의 센서로부터 수집된 정보를 직접 가공 처리하거나 제어하는 개인 중심의 생활 밀착형 센서 앱 서비스를 제공하려는 다양한 시도가 이루어지고 있다.

3-2 스마트 재난 안전관리시스템 도입 및 개발사례

한국전자통신연구원에서는 지능·맞춤형 통합경보시스템 연구개발을 통해 경보방송, 경보 문구, 사이렌, 경보음 표준화, 이기종 통합 및 옥내 경보방송시스템을 표준화하였다. 국립재난안전연구원에서는 재난 원인 과학조사 기술개발 및 체계 구축을 통해 버스형 지휘 차량,

화학 물질조사 장비, 재난조사 로보틱스 장비를 구축하였고, 과거 재난사례 자료 축적을 통한 객관적 재난 원인분석체계를 구축하였다. 또한, 스마트형 실시간 재난현장정보 공유 기술개발을 통해 전자지도(GIS)기반 연구원 전문 분석 콘텐츠 및 관계기관의 전문분석정보를 연계 및 표출하고 있다.

서울시에서는 재난대응 SNS 모의훈련을 시행하고 재난 발생 인지 후, 신속한 재난망(카카오톡 등)을 개설하고 현장 상황 공유 및 적정 조치를 지시하고 있다. 구체적인 활동 내용으로는 태풍 피해를 겪거나 현장에 나가 있는 시민들에게 피해 현장, 출퇴근길 교통상황 등을 빠르게 전달하거나 해시태그로 '#tti(twitter traffic information)'를 붙여 각 지역 교통사고 속보 및 태풍 이동 경로와 태풍 위성사진 등을 수시로 업데이트하여 정보를 제공하는 등의 활동을 하였다.

산림청은 산불신고 스마트폰 앱을 개발하였다. 이 앱은 '산불신고'로 검색하여 다운로드할 수 있고, 산불신고 외에 산불대처요령 안내, 산불 트위터 등의 기능이 있다. 이는 산림 당국이 산불의 규모나 위치를 쉽게 파악할 수 있어서 산불의 초기진화에 효과적이며 '산불전화신고'를 이용할 때는 수신자 부담으로 가장 가까운 산림관에서 산불상황실로 연결되는 기능을 수행한다.

충청남도 소방본부는 현재 유비쿼터스 시스템을 도입하여 스마트폰 앱을 통해 실시간 서비스를 하고 있으며, 안심콜서비스와 '소소심 캠페인'을 하고 있다. 일례로 119 안심콜서비스는 유비쿼터스 기술을 적용한 사회 안전망을 기반으로 사회적 안전취약 계층에 대한 안전서비스 체계 구축을 목적으로 하고 있고, 대상은 요구자나 재난 취약계층을 대상으로 고품질 맞춤형 안전복지서비스를 제공하고 있다.

3-3 AR 기반 소방헬멧 개발 연구

현재 세계 곳곳에서 신기술을 적용한 헬멧을 개발 및 연구 중이다. 특히 4차 산업혁명을 통해 발전한 기술 중 주요 기술인 ICT 기술은 제품에 사람이 인지하지 못하는 정보를 습득하여 알려주기도 하고 무선 통신 모듈이 소형화되면서 제품에 적용하기도 쉬워졌다.

2014년 스웨덴에서는 스마트 소방헬멧을 개발하였는데, 이 스마트 소방헬멧은 미국에서 도입하여 일부 주에서 사용하고 있다고 한다. 적외선센서를 통해 물체의 모양과 방해물을 육안으로 쉽게 구별할 수 있도록 설계되어 있으며, HMD 기술을 통해 실시간으로 본부와 소방대원 간의 통신이 가능하게 하였다. 이 소방헬멧의 특징은 머리부터

그림 10.5_ AR 기술을 이용한 스마트 소방헬멧
자료: Tuvie, C-Thru

목까지 모두 감싸져 있으며 산소공급장치가 함께 달려있다는 것이다. 귀를 아예 감싸 외부의 소음을 차단하고 헬멧의 통신으로만 소통을 가능하게 하여 효율을 증진시켰다.

① 소방용 통신헬멧 개발

국내에서도 2018년에 소방용 통신헬멧이 개발되었다. 이 통신헬멧은 홍원빈 포스텍 전자·전기공학과 교수와 포항 남부소방서 공동 연구진이 개발하였다. 현재 화재진압을 진행할 때 두 손을 모두 사용하기 때문에 무전기 조작이 어려울 뿐만 아니라 현장의 시끄러움으로 내용을 알아듣기 어려운 경우가 많다. 따라서 새롭게 개발된 이 소방용 통신헬멧은 IoT 기술을 이용하여 소방업무를 진행할 때, 소방업무에 집중할 수 있도록 두 손으로 조작하지 않아도 통신을 할 수 있게 하였다.

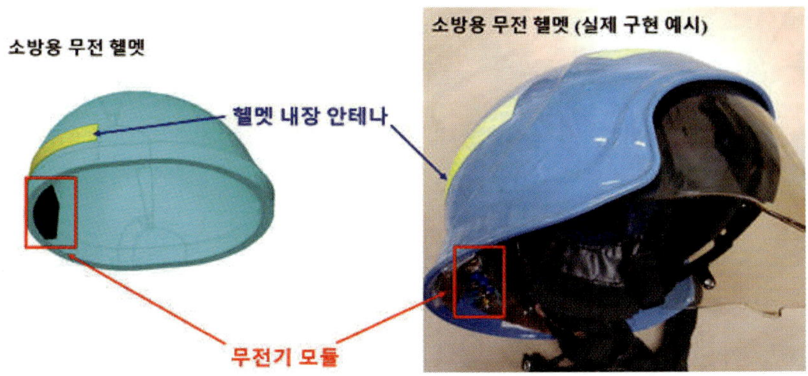

그림 10.6_ 소방용 통신헬멧의 안테나 내장 방식
자료: 홍원빈 포스텍 교수, '5G 전문가… 사회적 가치 실현하는 공학자', 전자신문, 2018.5.13.

그림 10.7_ 영상과 음성통화가 가능한 IoT 스마트 헬멧
자료: LG유플러스

② LG유플러스 IoT 스마트 헬멧

2015년 12월 LG유플러스와 넥시스가 함께 카메라와 센서가 달린 스마트 헬멧을 개발하였다. 이 스마트 헬멧은 IoT 기술 기반으로 영상과 음성통화를 동시에 할 수 있다. 이 스마트 헬멧은 클라우드 기반 웹 포터를 통해 관제센터와 스마트 헬멧의 착용자가 실시간으로 통신할 수 있게 하였으며, 헬멧에 달린 카메라는 현장의 정보를 여과 없이 관제센터에 보내서 관제센터가 무전기를 통해 지시를 내릴 수 있게 하였다.

3-4 AI 기반 무선 소방 방재 솔루션

트리플렛의 '오조 프로텍트'는 기존의 느리고 오작동 많은 감지기의 문제점을 인공지능 카메라와 사물인터넷 기술을 도입하여 해결한 스마트 재난감시 솔루션으로 불꽃과 연기를 분리 감지하고, 작업자의 이상행동까지 감지하는 AI 카메라가 탑재되어 있으며, 사고 발생 시 이를 관리자 및 지정한 사용자가 모바일로 즉시 센서 정보와 시각 정보를 실시간으로 받아볼 수 있는 기능을 가지고 있다.

2019년 SK텔레콤의 True Innovation Program에 선정되어 지능형

화재감지기를 공동 개발, 다양한 고객사와 시범사업을 진행 중이며, 종합부동산 서비스회사 '젠스타'를 통해 재난감시 IoT 솔루션을 병원, 대형빌딩 등에 납품 중이다. 국내 대형마트와 매장관리 AI 솔루션의 시범사업도 진행 중이다.

3-5 AI 화재 대피로 안내

2019년 한국기계연구원(이하 기계연)은 AI 기반의 화재 대피로 안내 시스템을 개발하였다. AI를 기반으로 복잡한 지하철역에서 위급상황이 발생했을 때, 신속하고 안전하게 대피할 수 있도록 안내하는 시스템이다. 이번 기술은 지하철 역사 내 화재가 발생했을 때, AI 딥러닝 모델을 이용하여 안전한 방향으로 승객을 안내하는 시스템으로 이를 이용하면, 지하철 역사 내부에 설치된 30여 개의 IoT 센서가 온도와 일산화탄소, 연기농도 등에 따라 화재 위험성을 평가하고 최적의 대피로를 제공한다. 이 정보는 모니터와 천정에 설치된 130여 개의 레이저 표시기로 전달되어 지하철 바닥에 밝은 조명으로 대피로 방향을 표시한다.

이번 연구성과는 대전시가 지역 사회의 문제를 출연연구기관과 손을 잡고 해결하기 위해 연구비를 지원한 '대전시-연구기관협력사업'을 통해 수행되었다. 연구팀은 향후 대전지역 소재 기업에 기술을 이전하고 국내외 기술사업화에 성공할 수 있도록 지원할 예정이다.

3-6 소방드론

ICT 기술기반 드론은 소방산업에 있어 응용 가능성이 매우 크다. 이는 다른 로봇이나 수단과 비교하여 탐지영역이 넓고 손쉽게 접할 수 있을 정도로 가격적으로 합리적이기 때문이다. 해외에서는 이미 드론을 이용한 구조를 시행하고 탐지하는 등 개발 및 활용하고 있다.

서울시는 2015년 지방자치단체 최초로 소방용 드론을 도입하여 고층건물 화재현장에 투입하였다. 산림청은 산불 예방을 위해 드론으로 전국 산불 취약지 대상 논·밭두렁, 쓰레기 소각 등의 불법행위를 집중적으로 단속하고 있으며, 지난 2월 강원 삼척시에서 발생한 산불이 진화된 후 드론으로 촬영한 영상을 분석하여 자세한 피해면적을 조사하기도 하였다. 과학기술정보통신부는 드론을 활용하여 산불을 감시하고 촬영 영상을 기반으로 산불 확산을 방지하는 등 시나리오를 실시간으로 제공하는 플랫폼을 개발 중이다.

활동 1

|1| 국내의 AI를 활용한 안전대책으로 현재 활용되고 있는 기술과 개발된 사례를 설명하시오.

|2| 주요 선진국의 AI를 활용한 재난안전관리기술의 사례에 대해 설명하시오.

10장 참고문헌

- 4차 산업혁명 기술을 활용한 예방중심의 재난안전관리, 박용수, 산업경제 7월 정책과 이슈, 2020.
- WEF, 2016., https://www.weforum.org/
- 주요 선진국의 제4차 산업혁명 정책동향, 정보통신기술진흥센터, 2016.
- 편석준, 진현호, 정영호, 임정선, 클라우드와 빅데이터를 뛰어넘는 거대한 연결 사물인터넷, 미래의 창, 2014.
- 한국인터넷진흥원, 인터넷 앤 시큐리티 이슈 9월호, ㈜드림이노플래너스, 2012.
- 중국은 고공비행 한·일은 저공비행, 최영진, 중앙일보, 2017.2.13.
- IoT 센서기술을 적용한 빅데이터 기반 작업환경 유해인자 모니터링 시스템개발 및 적용방안 연구, 정문호, 아주대학교 산업공학대학원, 2016.8.
- 트리플렛, 인공지능(AI)기반 무선 소방 방재 솔루션 선보여, 서울경제, 2020.8.12., https://www.sedaily.com/NewsVIew/1Z6JUBZXXR.
- https://www.tuvie.com/c-thru-smoke-diving-helmet-future-vision-of-fire-fighting-equipment-by-omer-haciomeroglu/

부 록

AI 워크북

자기 분야에서 AI를 활용한 솔루션 기획

1-1

각 전공별 AI를 바라보는 관점

전공별로 AI를 바라보는 관점이 어떻게 다른지 적어보자.

1-1

내가 AI를 바라보는 관점

전공과 관계 없이 내가 AI를 바라보는 관점을 마인드맵으로 그려보자.

1-2

AI의 활용 사례

산업 분야에서 AI가 어떻게 활용되고 있는지 그 사례를 조사해보자.

1-3

전공별 최신 연구 동향

전공별 AI 최신 연구 동향을 조사하여 사진과 함께 적어보자.

부 록

AI 워크북

자기 분야에서 AI를 활용한 사업기획서

2-1

사회문제와 니즈 분석

전공별로 조를 구성하여 조원별로 역할과 역할의 목적을 분류해보자.

- 조원 명단

- 목적 및 역할

2-2

사회문제 발견

전공별로 조를 구성하여 AI 기술을 통해 현 사회에서 해결해야 할 문제가 무엇인지 파악하여 정리해보자.

2-3

대상의 니즈 분석

활동을 통해 도출된 사회에서 해결해야 할 문제에 해당하는 대상의 니즈를 분석해보자.

2-4

사업이란?

사업은 세상이 필요로 하는 것을 위해 아이디어를 내는 것에서부터 출발한다. 내가 생각하는 사업이란 무엇인지 자유롭게 적어보자.

2-5

사업기획서란?

조 활동을 통해 도출된 이야기들에 적합한 사업기획서의 사례를 자유롭게 조사해보자.

2-6

창의적인 사업기획서 작성

창의적인 사업기획서를 작성해보자.

- 사업 추진의 필요성

■ 사업목표 및 내용

■ 사업의 기대효과

■ 사업에 필요한 기술

부 록

AI 워크북

자기 분야에서 AI와 관련된 자기 주제

3-1

각 전공과 관련된 사업기획서 발표

조별로 작성한 사업기획서를 발표하고 그 내용을 적어보자.

3-2

조별 발표에 경청하였는가?

사업기획서 발표를 듣고 느낀 점과 본받을 점을 간단하게 적어보자.

3-3

발표를 바탕으로 토론 진행

정리한 발표 내용을 보면서 자유롭게 토론해보자.

3-4

전공별 AI 시대의 전망과 과제 도출

전공별로 AI 시대의 전망을 조사해보자.

3-4

전공별 AI 시대의 전망과 과제 도출

조사한 전망과 과제를 어떻게 전공과 진로에 결합할 수 있을지 방향을 수립해보자.

AI의 과학적 길라잡이

저 자 박성원 · 강현철 · 권영진 · 김경식 · 김현정
박선민 · 박현식 · 방인석 · 최예정 · 한유미

발 행 인 김지영

발 행 처 자유아카데미

주 소 경기도 파주시 회동길 37-42
파주출판도시

전 화 031-955-1321

팩 스 031-955-1322

홈페이지 www.freeaca.com

전자우편 main@freeaca.com(대표)
editor@freeaca.com(편집)
crm@freeaca.com(영업)

등 록 제406-2003-017호, 1980. 7. 12

제1판1쇄 2021년 8월 31일 발행

ISBN 979-11-5808-318-2 93000